U0214182

国家科学技术学术著作出版基金资助出版

青海别勒滩低品位固体钾矿液化开发技术

焦鹏程　刘成林 等　著

国家高技术研究发展计划（863 计划）及国家重点研发计划课题资助
"青海盐湖低品位钾盐增程驱动开采技术"（2009AA06Z107）
"青海别勒滩低品位固体钾矿液化开采的关键技术"（2006AA06Z133）
"深部盐湖资源勘查与开采技术"（2018YFC0604801）

科学出版社
北京

内 容 简 介

我国可溶性钾盐资源紧缺，找矿难度巨大，但仍有大量低品位钾盐资源很难按传统技术进行开采。作者在青海察尔汗盐湖别勒滩低品位固体钾盐沉积区开展了大量野外调查、溶矿试验与综合研究工作，取得低品位固体钾盐分布特征、水动力条件、驱动溶矿技术及可液化资源量等方面的系列新成果，并将相关成果凝练编写而形成本书。本成果为大规模工业化开采低品位固体钾盐提供理论依据，可为我国盐湖钾盐企业持续发展提供技术支撑。

本书适合从事盐湖地质调查、资源开发规划、钾矿开采生产及地质环境保护等方面的科研、技术、管理人员和高等院校师生阅读。

图书在版编目（CIP）数据

青海别勒滩低品位固体钾矿液化开发技术／焦鹏程等著. —北京：科学出版社，2020.10
ISBN 978-7-03-064186-1

Ⅰ.①青… Ⅱ.①焦… Ⅲ.①钾盐矿床–液化–矿业开发–青海 Ⅳ.①P619.21

中国版本图书馆 CIP 数据核字（2020）第 017356 号

责任编辑：王 运 姜德君／责任校对：张小霞
责任印制：吴兆东／封面设计：铭轩堂

科 学 出 版 社 出版
北京东黄城根北街 16 号
邮政编码：100717
http://www.sciencep.com

北京建宏印刷有限公司 印刷
科学出版社发行 各地新华书店经销

*

2020 年 10 月第 一 版 开本：787×1092 1/16
2020 年 10 月第一次印刷 印张：12 1/4
字数：300 000

定价：178.00 元
（如有印装质量问题，我社负责调换）

主要作者名单

焦鹏程　刘成林　王石军　赵元艺

李文鹏　郝爱兵　刘振英　刘万平

陈永志　牛　雪　王文祥　张建伟

序

在青海省西北部，坐落着我国的"聚宝盆"柴达木盆地，盆地中闪耀着一颗璀璨的明珠——察尔汗盐湖。察尔汗盐湖地跨格尔木市和都兰县，由达布逊湖以及南霍布逊、北霍布逊、涩聂等盐池汇聚而成，自西向东分为别勒滩、达布逊、察尔汗、霍布逊4个次级凹地，蕴藏有丰富的盐类资源，主要有钾、钠、镁、锂、硼、铷、溴、碘、锶、铯等盐类，是我国重要的化工原料基地和钾肥资源产地。

我国可溶性钾盐资源严重不足，找矿难度巨大。新中国成立以来，探查钾盐资源一直被列为国家找矿的重点方向。几代钾盐人在察尔汗盐湖几十年的找钾和开采实践，已取得各方面突破。察尔汗盐湖探明表内工业卤水钾盐储量 $3×10^8$ t，但经历长期大规模开采，表内工业品位资源服务年限仅剩 20 年左右，面临资源紧缺的严峻形势。不过，可喜的是，在察尔汗盐湖地层中还蕴藏大量的低品位固体钾盐资源，规模相当于一个超大型矿床。对这些资源进行液化开发利用具有重大的现实价值。

《青海别勒滩低品位固体钾矿液化开发技术》一书的作者们，在分析前人工作资料的基础上，利用自己的研究经验和知识，承担国家高技术研究发展计划（863计划）课题等，攻关低品位固体钾盐的液化（固液转化）开发关键技术，获得了有价值的数据，取得了显著研究进展和新的重要认识。

低品位固体钾矿层的矿物组合主要为"杂卤石-光卤石-钾石盐"，氯化钾含量低，矿层薄且层数多、不连续，已有的传统技术很难对这些稀缺的宝贵资源进行开采。作者们在察尔汗盐湖开展了野外调查和室内溶矿实验，建立数据库，利用3DMine软件构建了盐湖钾盐空间模型；应用Pitzer理论模拟溶解转化过程，论证确定最适合察尔汗盐湖离子特征的化学平衡模型，研究溶矿驱动液化过程中固液相转化规律；采用化学示踪和人工放射性同位素测井技术揭示钾盐液化驱动的水动力学条件，获得了试验区卤水实际流速、渗透流速和地下卤水的流向；借助薄片、能谱扫描电镜、X射线衍射分析等盐矿鉴定技术，分析蒸发岩地层盐类矿物在溶解前后微观结构、组分等的变化规律；评价低品位固体钾盐溶矿效果，由此计算得出矿区利用增程驱动开采新技术后的钾盐资源量。

该书的系列成果是作者们辛勤劳动的结晶，通过产学研紧密结合，对低品位固体钾盐液化技术多年持续攻关，开发增程驱动溶矿模式，将原来难采或不可采的资源转变为可采资源，为大规模工业化开采低品位固体钾盐提供了科学依据，为我国盐湖钾盐企业持续发展提供了技术支撑，提升了盐湖资源开发水平，增大了钾资源的利用率，不仅对缓解我国的钾肥紧缺形势、发展循环经济具有重要意义，而且对西部地区经济发展和钾盐行业科技进步具有实际价值。

中国科学院院士

2020 年 7 月 14 日

前　言

钾盐资源是我国七种大宗紧缺矿产之一，在 2006 年 1 月《国务院关于加强地质工作的决定》中钾盐被列为非能源重要矿产。我国是个农业大国，但目前我国钾肥的对外依存度高达 50% 左右，从这个角度来看，钾盐是一种战略资源。钾肥的短缺已成为制约我国农业发展的瓶颈因素之一，而钾盐找矿的难度很大，我国几十年的找钾实践，几代钾盐人的工作，仅在青海柴达木盆地察尔汗盐湖及新疆罗布泊盐湖发现超大型钾盐矿床，取得找矿突破。

在我国可溶性钾盐资源紧缺、找矿难度巨大的现状下，青海察尔汗盐湖别勒滩区段超大型规模的低品位固体钾盐资源显得尤为重要。低品位固体钾矿层特征：钾盐矿物组合为杂卤石–光卤石–钾石盐，氯化钾含量低，一般为 0.5%～6%，平均 2.21%；含矿层一般呈层状、透镜状和扁豆状等，层数多、厚度小，薄的仅几厘米，个别厚者达数米；含矿层通常不连续，钾矿物多呈浸染状分散产出；垂向上交叉混层，钾矿层与非钾矿层、隔水层交互出现。这种低品位和复杂产状的钾盐很难按传统技术进行开采，为此研发溶采技术，以开发这些稀缺的宝贵资源。

本书来源于国家高技术研究发展计划（863 计划）"青海盐湖低品位钾盐增程驱动开采技术"（2009AA06Z107）及"青海别勒滩低品位固体钾矿液化开采的关键技术"（2006AA06Z133）以及国家重点研发计划"深部盐湖资源勘查与开采技术"（2018YFC0604801）等课题成果。在项目实施过程中，得到青海盐湖工业股份有限公司配套工程的大力支持，完成的主要工作有：钻井工程总进尺 723.52m（58 个钻孔）；开挖输卤渠 10850m（渠宽 2m、渠深 4m）；编录岩心 257.05m（16 个钻孔）；室内溶矿实验及野外现场溶矿试验 12 组；采集固体样品 1020 件、卤水样品 1167 件，分析测试样品 1792 件；人工放射性同位素测井 12 孔，实测数据 1886 个；化学示踪试验 1 组，采集分析样品 385 件；样品物性（孔隙度、给水度等）测定 90 件；盐矿鉴定（电镜能谱分析、X 射线衍射分析、薄片鉴定等）307 件，石盐包裹体测温、测盐度 33 件；别勒滩区段钾盐资料收集及数据库建设；盐湖地层及钾盐的三维模型建立；基于 Pitzer 理论的固体钾矿溶解转化模型研发与应用；编制各类图件 136 张，研究成果报告 2 份。通过产学研紧密结合，对低品位固体钾盐液化技术持续攻关，开发增程溶矿技术，将原来难采或不可采的资源转变为可采资源，提升盐湖资源开发水平、提高钾资源的利用率，对缓解我国的钾肥紧缺形势、发展循环经济具有实际意义。

参加研究工作的人员有：中国地质科学院矿产资源研究所焦鹏程、刘成林、赵元艺、陈永志、牛雪、赵艳军、汪明泉、曹养同、吴驰华、赵宪福、伯英、宣之强、吕凤琳、王笛、李瑞琴等；中国地质环境监测院李文鹏、郝爱兵、殷秀兰、王文祥等；河北地质大学刘振英、李方红、高志娟等；青海盐湖工业股份有限公司王石军、刘万平；青岛大学张建伟、王崴等；北京三地曼信息技术有限公司胡建明、陈新华、赵婷钰等。

　　本书各章节主要编写者如下：第 1 章，焦鹏程、刘成林；第 2 章，刘万平、张建伟、焦鹏程；第 3 章，赵元艺、焦鹏程、牛雪；第 4 章，刘成林、王石军、张建伟；第 5 章，焦鹏程、李文鹏、刘振英、刘成林、陈永志、王文祥；第 6 章，李文鹏、刘万平、郝爱兵、焦鹏程；第 7 章，焦鹏程、刘成林、王石军、刘振英、郝爱兵；第 8 章，刘成林、焦鹏程、赵元艺、张建伟、王文祥；第 9 章，焦鹏程、刘成林、李文鹏。焦鹏程负责统编和定稿。

　　在课题研究过程中，得到科技部资源环境技术领域领导及专家的大力支持与指导，得到中国地质科学院矿产资源研究所领导及科技处等的关注和支持。青海盐湖工业股份有限公司领导王兴富等对项目高度重视，并给予项目大力支持；研发中心刘斌山、王罗海、张娟、张发祥、闫志等同志提供了帮助。钻探工作由湖南常德地质勘查公司陈新建、邓建新负责完成；样品的化学分析主要由中国地质科学院矿产资源研究所外生地球化学实验室王英素、胡宇飞等完成，国家地质实验测试中心完成了部分微量元素测试工作，薄片鉴定主要由宣之强完成，X 射线衍射分析由中国地质大学（北京）刘宝坤完成，扫描电镜能谱分析由中国石油勘探开发研究院实验中心完成，孔隙度、给水度测定由青海省柴达木综合地质矿产勘查院完成。工作中还得到吴必豪研究员、王弭力研究员、蔡克勤教授、韩蔚田教授等专家的悉心指导，在此表示诚挚的感谢！

　　本书涉及内容较多，数据处理及研究工作量大，编写时间较紧，难免有不妥之处，敬请读者批评指正。

目　　录

序

前言

第1章　绪论 ……………………………………………………… 1

1.1　国内外相关研究 …………………………………………… 1

1.1.1　溶采技术概况 ……………………………………… 1

1.1.2　驱动液化理论 ……………………………………… 2

1.2　研究概况 …………………………………………………… 2

1.2.1　研究内容 …………………………………………… 2

1.2.2　技术路线 …………………………………………… 3

1.2.3　主要成果介绍 ……………………………………… 3

第2章　自然地理及区域地质 ……………………………………… 5

2.1　自然地理 …………………………………………………… 5

2.1.1　地形地貌 …………………………………………… 5

2.1.2　气候气象 …………………………………………… 6

2.1.3　水文水系 …………………………………………… 7

2.2　区域地质与水文地质 ……………………………………… 8

2.2.1　地层 ………………………………………………… 8

2.2.2　构造 ……………………………………………… 10

2.2.3　水文地质 ………………………………………… 11

第3章　别勒滩钾矿区地质特征 ………………………………… 13

3.1　地层岩性特征 …………………………………………… 13

3.1.1　ZCS_2T_3孔岩性特征 ……………………………… 14

3.1.2　ZCS_2T_4孔岩性特征 ……………………………… 15

3.1.3　ZCS_2T_5孔岩性特征 ……………………………… 15

3.1.4　岩性分布规律 …………………………………… 17

3.2　矿物学特征 ……………………………………………… 19

3.2.1　盐类矿物种类 …………………………………… 19

3.2.2　盐类矿物含量分布 ……………………………… 23

3.2.3　钾盐矿物及分布规律 …………………………… 27

3.3　含钾层物性特征 ………………………………………… 28

3.3.1　孔隙度 …………………………………………… 28

3.3.2　给水度 …………………………………………… 29

　　　3.3.3　体重 ·· 29

　3.4　固体地球化学特征 ··· 30

　　　3.4.1　常量元素离子组成及分布特征 ······································ 30

　　　3.4.2　微量元素离子组成及分布特征 ······································ 33

　　　3.4.3　特征系数及相关性分析 ·· 36

　3.5　盐类矿物流体包裹体特征 ··· 40

　　　3.5.1　样品与测试方法 ·· 40

　　　3.5.2　流体包裹体与均一温度特征 ··· 41

　　　3.5.3　成矿环境 ··· 43

第4章　别勒滩钾矿区三维模型 ·· 46

　4.1　软件简介 ·· 46

　4.2　数据库建设 ·· 47

　　　4.2.1　方法及流程 ··· 47

　　　4.2.2　结构与管理 ··· 48

　　　4.2.3　钻孔分布可视化 ·· 54

　4.3　地层模型 ·· 55

　　　4.3.1　地层概化 ··· 55

　　　4.3.2　地层建模 ··· 56

　　　4.3.3　地层三维可视化 ·· 59

　4.4　矿体模型 ·· 60

　　　4.4.1　块体模型 ··· 60

　　　4.4.2　三维液矿模型 ··· 61

　　　4.4.3　三维固矿模型 ··· 63

第5章　溶采理论与试验基础 ··· 66

　5.1　Pitzer 理论与模型 ·· 66

　　　5.1.1　Pitzer 理论 ·· 66

　　　5.1.2　Pitzer 平衡溶矿模型 ·· 68

　　　5.1.3　平衡溶矿与水动力弥散耦合模型 ··································· 73

　5.2　VTP 软件（卤水变温模型） ··· 75

　　　5.2.1　软件特点 ··· 75

　　　5.2.2　软件应用 ··· 77

　5.3　室内溶矿实验 ··· 80

　　　5.3.1　实验设计 ··· 80

　　　5.3.2　实验过程 ··· 83

　　　5.3.3　数据分析 ··· 84

　　　5.3.4　实验结果 ··· 86

5.4　野外静态溶矿试验 ·· 87

　　5.4.1　试验简介 ··· 87

　　5.4.2　耦合模型分析溶矿特征 ·· 90

　　5.4.3　Pitzer 理论分析试验过程 ·· 98

　　5.4.4　试验结果 ··· 100

第6章　单级驱动溶矿工程试验 ·· 101

6.1　试验区水文地质特征 ·· 101

　　6.1.1　基本特征 ··· 101

　　6.1.2　晶间卤水补径排 ·· 101

6.2　驱动溶矿动力学特征 ·· 102

　　6.2.1　化学示踪技术及测量结果 ·· 102

　　6.2.2　人工放射性同位素技术及测量结果 ······································ 111

　　6.2.3　水文地质参数计算 ·· 119

6.3　野外溶矿工程试验 ·· 120

　　6.3.1　试验选区 ··· 120

　　6.3.2　试验设计 ··· 121

　　6.3.3　试验过程 ··· 125

　　6.3.4　试验结果 ··· 126

6.4　溶矿效果分析 ·· 134

　　6.4.1　VTP 软件分析 ··· 134

　　6.4.2　水动力学分析 ··· 135

　　6.4.3　存在问题 ··· 138

第7章　增程驱动溶矿工程试验 ·· 140

7.1　增程驱动溶矿技术 ·· 140

　　7.1.1　多级补水模式 ··· 140

　　7.1.2　增程驱动优势 ··· 141

7.2　增程驱动溶矿试验 ·· 142

　　7.2.1　试验选区 ··· 142

　　7.2.2　试验设计 ··· 143

　　7.2.3　试验过程 ··· 148

　　7.2.4　试验结果 ··· 149

7.3　溶矿效果分析 ·· 161

第8章　可溶采钾盐资源量评价 ·· 162

8.1　固体钾盐资源量估算 ·· 162

　　8.1.1　已有勘查成果 ··· 162

　　8.1.2　本次模型估算 ··· 163

8.2　溶矿特征及效果对比 ……………………………………………………… 166

　　8.2.1　溶矿特征 …………………………………………………………… 166

　　8.2.2　效果对比 …………………………………………………………… 170

8.3　钾盐资源量评价 …………………………………………………………… 173

　　8.3.1　静态试验可采量计算 ………………………………………………… 173

　　8.3.2　驱动试验可采量计算 ………………………………………………… 173

　　8.3.3　可溶采资源量评价 …………………………………………………… 174

第9章　结语 …………………………………………………………………… 175

9.1　主要成果 …………………………………………………………………… 175

9.2　建议 ………………………………………………………………………… 177

参考文献 ………………………………………………………………………… 178

第1章 绪　　论

盐类矿物具有易溶于水的特性，通常对盐类矿床开采使用液化开采（溶采）的技术方法。溶采技术突破了常规开采"先采矿石后加工"的程序，把采、选、冶融为一体，在盐类矿床所在地进行物理化学的加工过程，溶解开采矿石中的有益组分，把泥沙等杂质留在原地。并且，其直接作用于矿体的"开采工具"是最廉价的溶剂——水或淡卤，有的矿床加助溶剂（如 NaOH）等，经过物理化学作用，把固相盐类矿物转变为流动状态的溶液——卤水，然后进行提取。

1.1　国内外相关研究

1.1.1　溶采技术概况

水溶法开采固相盐类矿物的技术应用广泛，与其他开采方法相比，有许多优点，主要表现在以下四个方面：简化生产工序，加快矿山建设，降低基建费用和生产成本；增大开采深度，扩大可采储量，在一定条件下可提高矿石采收率；改善劳动条件，提高劳动生产率；减轻环境污染（王清明，2003）。

美国水溶法钾盐开发始于 20 世纪 70 年代。Cane Creek（康尼科瑞克）钾盐矿位于犹他州东南的 Paradox（帕拉多克斯）盆地，该矿开发早期（1965 年以前）也沿用旱采技术，其后 Texas Gulf 公司大胆尝试水溶法开采固体钾矿的新技术，尽管初期也出现矿坑突水等问题，但经过修正与反复试验，发现注入水量和开采卤水量差值小于 0.2%，由此证明钾盐矿流体没有渗失，溶矿过程可控，水溶法开采保证了选择性溶矿。目前该矿山年产钾肥 $4×10^5t$，钾肥生产流程为：注水井向钾盐矿层注入溶剂—溶剂运移溶矿—开采井抽取富钾卤水—经泵站和管道输送卤水至盐田—日晒蒸发—收获固体钾盐—经车间浮选等工艺生产出钾肥。采矿实践证明水溶法开采是经济可行的。

我国盐类矿产开采历史悠久，自公元前 250 年始，第一口由人工穿凿盐井对地下天然卤水的开采，开创了盐类矿床钻井开采的先河。约 12 世纪初才传到西方各国，为世界文明做出了贡献。至 1835 年，四川自贡开凿盐井已经深达 1001.4m，创造了世界盐矿井开发史的新纪录（梁卫国，2007）。然而，由于科学技术水平落后，直到 20 世纪（我国为 20 世纪 60 年代）液化开采才逐渐引起人们的重视，液化开采的诸多工艺方法开始飞速发展（宣之强，1995）。根据开采方法的不同，溶采可分为五大类：浅井水溶开采、渠式水溶开采、井渠组合式水溶开采、硐室水溶开采以及钻井水溶开采，前三种方法适用于盐湖固相矿床的水溶开采，后两种方法适用于对古代盐类矿床的水溶开采（王清明，2003）。根据不同的开采工艺技术，钻井水溶开采又可以分为如下多种：从水溶开采的井组数目上来区分有单井对流法、双井对流法；从控制溶解工艺上来区分有自然对流法、油垫控制对流法、气垫控制对流法；从井组连通工艺上来区分有自然溶蚀连通法、水力压裂连通法、定向对接连通法以及组合连通法等；从开采水平上来区分有单水平开采法、多水平开采法。在生产实际中，往往是多种工艺混合使用，以满足不同开采条件的需求（梁卫国，2007）。

自20世纪70年代以来，青海钾肥厂在察尔汗盐湖首采区达布逊湖东干盐湖上，采用渠道疏干开采盐层中液体钾矿–晶间卤水生产钾肥（年产 2×10^5 t），二期工程在别勒滩区段进行井采晶间卤水（年产 8×10^5 t）（蔡克勤等，1994）。但无论渠采或是井采都属于单纯疏干开采，约占总资源量51%的低品位固体钾盐难以利用。因此，研究人员提出了"溶矿驱动液化开采"的设想（李文鹏等，1994；郝爱兵，1997；Li et al.，2008）。2006～2007年，青海盐湖工业股份有限公司在别勒滩区段开展了 $1000m^2$ 的静态溶矿试验，配置溶剂，对矿体连续平衡溶解10次，试验采集了完整数据。

1.1.2　驱动液化理论

溶矿驱动液化开采研究涉及矿床地质、水文地质、多孔介质水动力弥散理论、卤水水文地球化学及开采工艺等多学科交叉应用内容。通过半个多世纪物理化学家的不断探索，从实际应用出发建立了多套模型，其中Pitzer理论（又称离子特殊相互作用模型）基本解决了电解质溶液理论在平衡态方面的问题（黄子卿，1980；Pitzer et al.，1984）。经过许多研究者的应用和检验，证明Pitzer理论对于零至高浓度电解质溶液中矿物溶解度的预测是迄今为止最为有效的理论工具（White and Bates，1980；Gueddari et al.，1983；Harvie et al.，1984；Harvie et al.，1984；Felmy and Weare，1986；Pabalan and Pitzer，1987；Greenberg and Mooller，1989）。Pitzer方程的应用范围十分广泛，不但适用于高浓度的天然电解质溶液，也可用于水岩（盐）相互作用、固溶体和流体包裹体中矿物共生组合及结晶顺序等的研究。

根据察尔汗盐湖晶间卤水和盐层骨架的化学特征以及温度条件，可以借鉴高浓度 Na^+-K^+-Mg^{2+}-Ca^{2+}-Cl^--SO_4^{2-}-H_2O 体系的化学平衡模型研究溶解驱动开采过程中的固液转化问题。目前，Pitzer模型已在柴达木盐湖研究中得以应用，如刘兴起等（2002）利用Pitzer模型，对柴达木盆地盐湖形成演化与水体来源关系进行模拟研究。王凤英等（2009）验证了Pitzer模型能够用于微量元素水盐体系的溶解度计算。王文祥等（2010）利用Pitzer理论，初步分析了青海察尔汗盐湖低品位固体钾盐转化为液相钾过程中的水动力场、水化学场变化。可见，Pitzer模型能够用于水盐相互作用、矿物共生组合及结晶顺序等的综合分析，是盐湖地球化学研究的有力工具。

1.2　研究概况

1.2.1　研究内容

本次在开展室内溶矿实验基础上，应用Pitzer理论模拟溶解转化过程；通过与野外溶矿试验对比研究，论证确定最适合察尔汗盐湖离子特征的化学平衡模型，研究和总结溶矿驱动液化过程中固液相转化规律，为大规模工业化开采低品位固体钾盐提供理论依据。

主要在以下几个方面开展研究：含钾矿层钾盐矿物组合特征与分布规律；钾盐矿物组合可溶性实验；修正溶矿驱动模型以适宜于钾盐矿物组合；溶矿技术原理模拟试验研究；固体钾盐液化产物（化学流）的水动力学研究及驱动开采模型；地层中固体钾盐可溶采资源量评价研究。

1.2.2　技术路线

充分收集研究区钻孔参数、含矿层分布、钾矿品位等资料，建立数据库，利用 3DMine 软件建立盐湖钾盐空间模型；开展室内实验和野外溶矿试验，应用 Pitzer 理论，编程模拟溶解转化过程，实现水流模型与水化学模型耦合；应用薄片、能谱扫描电镜、X 射线衍射等盐矿鉴定技术，分析蒸发岩地层盐类矿物溶解前后微观结构、组分等的变化规律；分析评价低品位固体钾盐溶矿效果，计算可溶采的低品位固体钾盐资源量。

科研与生产紧密结合，突出增程驱动关键技术的研究与开发，服务企业可持续发展。

1.2.3　主要成果介绍

通过大量野外调查、溶矿试验与综合研究工作，在固体钾盐分布特征、驱动溶矿技术、水动力条件分析及可液化资源量评价等方面取得了新资料、新成果，为后续的固体钾盐开发技术研发和推广应用奠定了基础。

（1）别勒滩区段钾盐地质特征：鉴定出盐类矿物 13 种，确定地层中固体钾盐矿物主要为杂卤石，其次为光卤石、钾石盐等。杂卤石以层状和浸染状两种方式分布于石盐层中，其中层状分布的杂卤石，层厚较薄，但杂卤石含量高，而以浸染状产出的杂卤石多分布于石盐晶体间，含量较低，多小于 10%。光卤石和钾石盐多为微米级，主要分布深度 4～14m，出现在石盐晶体间或石盐溶洞中，被杂卤石交代，呈交代残余状。

（2）别勒滩区段地球化学研究：固体钾 KCl 含量变化范围 0.64%～2.58%，平均含量为 1.21%，钾盐相对富钾层段共 3 个，即 1.00～3.10m、5.80～10.40m 和 11.00～12.50m；K^+、SO_4^{2-} 和 Mg^{2+} 呈正相关。微量元素 Li^+、Sr^{2+}、Br^-、B^{3+}、I^- 平均含量分别为 $52.48×10^{-6}$、$91.15×10^{-6}$、$12.28×10^{-6}$、$268.15×10^{-6}$、$0.16×10^{-6}$。由聚类分析可知，盐类物质来源复杂，既有火山温热泉活动对盐类聚集的贡献，又有深部流体和地表水的补给。

（3）三维模型开发与应用：建立含有 63 个钻孔的别勒滩区段地质数据库，应用 3DMine 矿业软件，实现盐湖三维地层模型、盐湖液矿模型、低品位固体钾盐矿体模型的研发、运行，直观显示地层、液矿 KCl 品位、含钾岩层分布规律等，揭示低品位固体钾盐矿层顶、底板形态和厚度空间变化规律；用块段法初步计算了钾盐储量（资源量）。

（4）溶矿试验及固液转化模型：采用化学示踪和人工放射性同位素测井技术揭示钾盐液化驱动的水动力学条件，获得试验区卤水实际流速、渗透流速和地下卤水的流向，溶矿过程中地下卤水中钾与硫酸根离子含量均有增加并逐步稳定，固体钾盐液化效果显著，卤水质量可以满足生产要求。增程驱动溶矿试验揭示晶间卤水等水位埋深线与补水渠大致平行，反映出未形成盐岩溶通道；补水渠附近形成三维流，水平影响距离小于50m，试验区晶间卤水水平流动利于提高溶矿效率；试验区卤水水质监测结果表明，在增程驱动条件下，监测深度范围内（15m）卤水离子浓度变化不大，表明垂向差异溶矿不显著，驱动溶矿具有整体性。

（5）可溶采资源量评价：室内模拟实验得到低品位固体钾盐的液化率可达70%。野外试验过程中地层KCl平均含量减少0.47%，概算得到试验区（1km^2）共液化低品位固体钾盐约1.79×10^{5}t；增程驱动溶矿试验后，地层中KCl平均含量减少0.73%，由此计算得到别勒滩试验区（4km^2）一年溶出的低品位钾盐（KCl）9.386×10^{5}t。

第 2 章　自然地理及区域地质

　　察尔汗盐湖位于柴达木盆地的东部，南距昆仑山（海拔6000m）40～90km，北距祁连山系（海拔3000～4500m）的锡铁山、埃姆尼克山18～32km。其地理坐标为94°00′～96°07′E、36°40′～37°10′N，面积约5800km²，呈东西向展布的"哑铃"状，依地质特征自西向东分为别勒滩、达布逊、察尔汗、霍布逊4个凹地沉积区，亦称为4个区段（图2-1）。达布逊、别勒滩区段以300勘探线为界，察尔汗、达布逊区段以176勘探线为界，察尔汗、霍布逊区段以296勘探线为界。

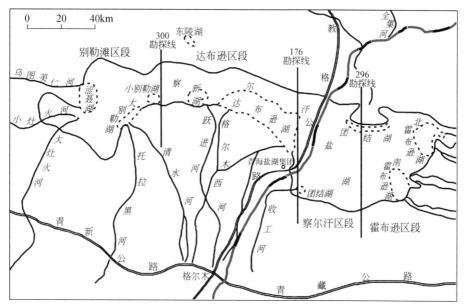

图 2-1　察尔汗盐湖及次级沉积凹地划分示意图

2.1　自　然　地　理

2.1.1　地形地貌

　　察尔汗盐湖东西长168km、南北宽20～40km，海拔2677～2680m，大部分为干盐滩，地形平坦、开阔，盐湖展布和地层走向均与盆地主要构造线方向一致，呈北西西-南东东向延伸。盐湖区北部自西向东为涩北、盐湖、哑叭尔等第四系背斜构造组成的丘陵地和第四系沙丘，相对高差20～60m；东、南、西三面为发源于昆仑山诸河流所形成的洪积戈壁和冲积平原。盐湖区内地层为第四系湖相沉积，且以盐类沉积为主，盐类沉积物主要为石盐，为固液体钾镁盐矿的主要赋存层位。

别勒滩凹地沉积区为湖积平原，总的趋势是南高北低。

2.1.2　气候气象

察尔汗盐湖矿区位于深居内陆的青藏高原上，由于南亚湿热空气被喜马拉雅山阻挡无法与西伯利亚冷空气汇合，不能形成有效降水条件，属典型的干旱荒漠大陆性气候。气候特征为：干燥、常年多风、降水量少、蒸发量大、气压低、日温差大、紫外线强、缺氧。

察尔汗湖区多年平均气温 5.1℃（图 2-2），最低气温−29.7℃，最高气温 35.5℃，且昼夜温差大；平均相对湿度 26%；平均风速 4.3m/s，主导风向为西北、西南；多年平均降水量 23.7mm，多年平均蒸发量 3527.9mm，每年 4~9 月的月均蒸发量均达到 300mm 以上。多年平均降水量 21.4mm，7 月、8 月、9 月三个月的降水量占全年的 71.4%，日最大降水量达 11.2mm；年际变化大，最大降水年出现在 1967 年，为 66.6mm，最小降水年为1985 年，全年降水量仅 2.7mm。钾盐资源富集的别勒滩地段气候条件更为恶劣。

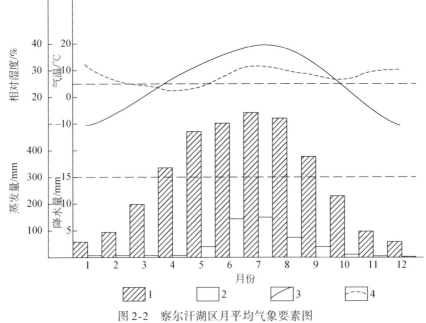

图 2-2　察尔汗湖区月平均气象要素图

1. 蒸发量；2. 降水量；3. 气温；4. 相对湿度

注：①11 月至翌年 3 月为封冰期，超氯盐渍土、盐湖地区不冻结。②格尔木市、察尔汗
　气象资料来源于格尔木市、察尔汗气象站；别勒滩气象资料来源于《别勒滩地区气候科学
　考察报告》，观测时期为 1987 年 11 月至 1988 年 12 月

格尔木市区、察尔汗生产区与别勒滩矿区气象资料对比详见表 2-1。

表 2-1　格尔木市区、察尔汗生产区与别勒滩矿区气象资料表

序号	气象项目	单位	格尔木	察尔汗	别勒滩
1	主导风向		W、W+S	W、WS	WN
2	最大风速	m/s	22	25.3	23.0
3	年平均降水量	mm	38.8	24.0	12.3
4	降水量	mm	日最大32.0	日最大15.1	月最大2.9
5	历年平均气温	℃	4.7	5.1	3.9
6	历年日极端最低气温	℃	−33.1	−29.7	−33.0以下
7	历年日最高气温	℃	33.1	35.5	35.0以上
8	历年平均气压	kPa	72.47	73.53	
9	含氧量	g/m³			214.4
10	年最大蒸发量	mm	2915.3	3770.2	近4000
11	最高月相对湿度	%	54	44	30
12	最低月相对湿度	%	22	18	15
13	干燥度 D		11.0	19.6	36.7
14	最大冻土深度	mm	880	1950	2110

注：表中数据来源于 2010 年格尔木气象站

2.1.3　水文水系

1. 河流

察尔汗盐湖相对封闭，河流均为内陆水系。根据《柴达木盆地水资源供需关系及生态保护》（周立，2000），汇集的地表河流属于二级分区的柴达木盆地河流区（IX5），分属于那棱格勒河乌图美仁区（IX5-5）和格尔木河格尔木区（IX5-6）两个三级区。

由于地势低洼，该区成为流域内地表水、地下水的汇集中心。注入的河流主要有 8 条，即格尔木西河、格尔木东河、清水河、跃进河、托拉黑河、大灶火河、小灶火河、乌图美仁河。常年有水的河流 5 条，即格尔木西河、格尔木东河、清水河、跃进河、乌图美仁河。区内补给盐湖最大的两条河流是格尔木西河和乌图美仁河。

据河水补给源的不同分为山岳河流、泉集河流两种。补给盐湖的泉集河流为山前地下水（以泉）溢出汇集而成，多年流量相对稳定，如清水河、乌图美仁河；山岳河流受山区降水和冰雪融水的补给，流量变化较大，如格尔木西河、大灶火河、小灶火河，因其流途较长，除个别河流（如格尔木河）直泻盐湖外，大部分河流在山前强烈渗漏。近 50 年实测资料表明，山岳河流在注入盐湖之前，地表水与地下水几经转换，加之沿途蒸发，入湖水量大为减少，据前人研究成果统计占山前地表径流量的 31.4%～41.6%。由于青海盐湖工业股份有限公司 1×10⁶t 钾肥项目工程建设和生产的需要，跃进河、格尔木东河、格尔木西河主要注入达布逊湖，乌图美仁河注入涩聂湖，乌图美仁河河水流量 2.67×10⁸m³/a，清水河、跃进河部分水量有控制性地进入涩聂湖，大灶火河、小灶火河未进入盐湖边缘即

全部渗漏、蒸发，托拉黑河在每年 3～4 月冰雪消融季节有少量水注入涩聂湖，其他季节干枯。根据观测经验，从湖泊面积的季节性变化可直接反映上游河水的变化，2016 年达布逊湖入湖水量约 $2.3145\times10^8\,m^3$，涩聂湖入湖水量约 $1.2739\times10^8\,m^3$。

2. 湖泊

察尔汗地区主要湖泊有达布逊湖、涩聂湖、大别勒湖、小别勒湖、新湖及分布于铁路以东的团结湖、南霍布逊湖、北霍布逊湖和协作湖，它们均为盐湖，湖水的补给主要依赖于矿区南部格尔木河与西部的乌图美仁河河水。

在自然条件下，由于采卤的需要，季节性湖泊达布逊新湖、大别勒湖、小别勒湖等不复存在，实际现存湖泊为东陵湖、达布逊湖、涩聂湖，均为常年性湖泊。

东陵湖主要由晶间卤水补给。涩聂湖、达布逊湖接受外围河流，湖泊水位及面积变化取决于上游补给量、老卤排放量、补给采区量，不再是天然条件下的单一河水补给，水面积总体上没有过大的波动。

别勒滩区段地表湖泊主要为涩聂湖，面积大于 $1000\,km^2$。

2.2　区域地质与水文地质

2.2.1　地层

察尔汗盐湖处于柴达木盆地新生代达布逊拗陷的中部，是一个晚更新世—近代的盐湖沉积盆地。第四系遍布全矿区，厚度达 2700m。地表出露地层主要为全新统（Qh），局部见有上更新统（Qp）。盐湖北侧为中、下更新统组成的哑叭尔背斜构造和盐湖构造。盐湖西北部为山前的上更新统和全新统冲、洪积层，南、西为上更新统和全新统洪积、冲积层，铁路以东为湖积、化学沉积层。

盐湖区内全新统和上更新统中盐类沉积发育，以石盐为主，厚度一般 15～30m，最厚达 70.20m，为固液体钾镁盐矿的主要赋存层位。盐湖范围内为第四系湖相沉积，湖四周分布有上更新统的洪积层和全新统风积（Qh^{eol}）、冲积（Qh^{al}）、冲洪积（Qh^{pl+al}）以及冲积湖积（Qh^{al+l}）等其他成因地层。

1. 地层划分

盐湖区地层自下而上依次划分如下。

（1）下部湖积层（Qp^{l1}）：为普遍含有碳酸盐、石膏的杂灰色细砂、粉砂、亚砂土、亚黏土、黏土及石膏层。局部夹有石盐或淤泥层。

（2）下部盐层（Qp^{s1}）：为深灰、褐灰、浅灰间灰白、黄灰色夹有薄层碎屑（或黏土）层的石盐层。局部为盐层或碎屑互层。

（3）中部湖积层（Qp^{l2}）：为黄、褐色砂层和褐色、深褐色亚黏土、亚砂土层、含石盐粉砂层。别勒滩中部湖积层又分为上下两层（Qp^{l21}、Qp^{l22}）。

（4）中部盐层（Qp^{s2}）：大都埋于地下，仅在西采区北部地表有出露。盐层呈黄、白、褐等色，夹有碎屑层。由于 Qp^{l2} 的分隔，分为 Qp^{s21}、Qp^{s22} 两层。西采区 Qp^{s21} 厚度平均值为 11m，Qp^{s22} 厚度平均值为 4m。中采区 Qp^{s21} 厚度平均值为 7m，Qp^{s22} 厚度平均值为 9m。

（5）上部湖积层（Qh^l）：主要为砂、粉砂、黏土等。在盐湖边缘部分最厚 17m，向盆地内部渐薄，一般厚 1m 左右，中采区西部厚 2～3m。

（6）上部盐层（Qh^{s3}）：为浅黄、灰黄、褐黄色中粗粒盐层，夹碎屑层。顶部色浅，中部色深，最大厚度 30m。

2. 沉积特征

全新统湖泊化学沉积，分布于盐湖盆地中央，面积超过 5200km²，沉积物主要为岩盐，在其晶间孔隙中赋存有富含钾、镁离子的晶间卤水，构成卤水钾镁盐矿床。

根据对全新统的湖相沉积上部含盐组的重点研究，有 6 孔揭露至中部盐层（Qp^{s2}）。上部含盐组包括上部湖积层（Qh^l）和上部盐层（Qh^{s3}）。

（1）上部湖积层（Qh^l）：遍布全湖区。地表出露于湖区南侧、北缘和西侧，北侧被风积层所覆盖。该层岩性主要为黄褐色、灰色的粉砂、粉细砂、细粉砂、黏土。岩性由湖区边缘向中部变细。西北部、南部岩性较细，以含粉砂黏土为主，中部则一般为含石盐细粉砂，局部地区本层中还含有钾镁盐矿体。该层厚度最大 17m，向盐湖中部变薄，一般 1m 左右，中采区西部为 2～3m，在湖区中部局部地区本层缺失，使中、上部盐层（Qp^{s2} 和 Qh^{s3}）直接接触。

（2）上部盐层（Qh^{s3}）：本层分布范围最广，直接出露地表，为浅黄、灰白色，地表呈褐色。岩性以中粗粒石盐为主，大部分松散，夹有透镜状、扁豆状含石盐碎屑层（粉细砂、黏土或砂质黏土）。地表盐层根据组分和微地貌可划分为土黄色含粉砂石盐（Qh^{ch1-1}）、土褐色含光卤石的粉砂石盐（Qh^{ch1-2}）、浅黄色含粉砂石盐（Qh^{ch2}）、浅褐色含光卤石粉砂的石盐（Qh^{ch3}）、白色石盐（Qh^{ch4}）、水氯镁石（Qh^{ch5}）、洁白色含光卤石石盐（Qh^{ch6}）、褐色含光卤石石盐（Qh^{ch7}、Qh^{ch8}）、含粉砂石盐（Qh^{ch9}）。

该盐层厚度 5～20m，最大 30m。湖区湖相沉积划分见表 2-2。

表 2-2　察尔汗盐湖湖相沉积层划分（沈振枢等，1993）

统	组	层
全新统（Qh）	上含盐组	上部盐层 [Qh^{s3}]
		上部湖积层 [Qh^l]
上更新统（Qp）	中含盐组	中部盐层（二）[Qp^{s22}]
		中部湖积层（二）[Qp^{l22}]
		中部盐层（一）[Qp^{s21}]
		中部湖积层（一）[Qp^{l21}]
	下含盐组	下部盐层 [Qp^{s1}]
		下部湖积层 [Qp^{l1}]

3. 地层特点

上更新统、全新统湖相地层特点如下。

（1）地层西部最厚，向东变薄。下部盐层和上部盐层有同样规律。中部盐层则以中采区最厚，向东、西变薄。

（2）下部盐层结构最致密，向上渐变松散，上部盐层大多呈松散状。

（3）盐类矿物组成以石盐为主，含少量石膏或夹石膏薄层，上部盐层还有芒硝、钾石盐、光卤石、杂卤石、钾石膏、软钾镁矾、水氯镁石等，其中尤以西采区最复杂。

（4）各盐层间的湖积碎屑层岩性以含石盐粉砂为主。

矿区地质及水文地质简图见图2-3。

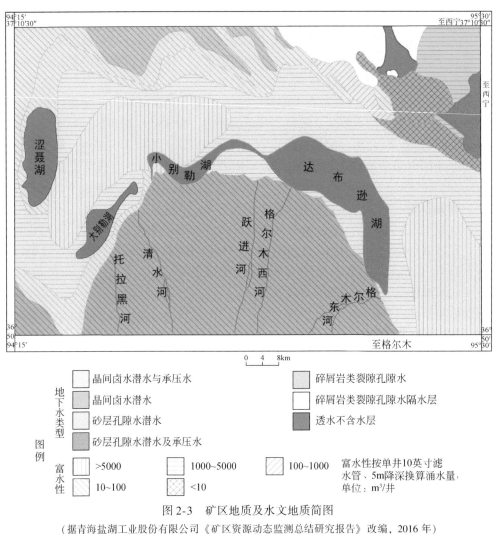

图 2-3　矿区地质及水文地质简图

（据青海盐湖工业股份有限公司《矿区资源动态监测总结研究报告》改编，2016 年）

1 英寸 ≈ 2.54cm

2.2.2　构造

晚更新世晚期（距今 3 万年左右），青藏高原发生的新构造运动使柴达木盆地周边山区不均一抬升，使盆地西部褶皱区更加隆起，东部继续沉陷。盆地南、北山区的抬升，使河流不断地向源区侵蚀，使格尔木诸河流袭夺了昆仑山中的"古湖"，并将其中丰富的盐分带入盆地中东部的察尔汗盐湖盆地内成矿（朱允铸等，1990）。

盐湖北部的涩北构造是中、晚更新世以后形成的新构造，哑叭尔构造形成时间则稍晚于晚更新世以后。这些构造的特点是起伏幅度不大，两翼倾角一般为几度，西部轴向为北西-南东向，向东逐渐转变成北西西-南东东或近东西向。

盐湖底部各部分下陷幅度不一，产生了相对的拱起和洼陷，形成了湖底构造。可分为三个主要构造：别勒滩洼陷、别达拱起、达察洼陷。其中，别达拱起形成了西采区和中采区天然状态下的"地下分水岭"。盐类地层的沉积受构造控制明显，卤水矿分布和区内构造线一致，具体表现为含盐岩层的分布、厚度等受湖区构造的控制。西采区湖底凹陷较深，向东有逐渐抬高的趋势，其盐层厚度向东逐渐变薄。

目前研究表明，尚未发现盐湖构造对地下晶间卤水开采有不良影响。

2.2.3　水文地质

1. 含水层（组）的划分

矿区内地下水主要赋存于不同成因类型的第四系松散堆积物中，由盆地边缘至中心有明显的分带性（图 2-3）。即由昆仑山至盆地中心，大致可分为洪积平原潜水带、冲积平原高矿化潜水带及湖积平原高浓度卤水带。各带水文地质要素随岩性条件呈有规律的变化。地下水埋深逐渐变浅，渗透性及富水性不断减弱，径流条件由强—弱—停滞，矿化度由低至高，水质类型由重碳酸盐型到氯化物型。

为研究湖积平原高浓度带中的浅层晶间卤水的变化规律，将第四系湖泊化学沉积（主要为岩盐、膏盐）根据地层时代、富水性、地层结构的差异，划分为上、下两个含水段。

上含水段（I_1）即 S_3 晶间卤水含水层，为目前盐湖的主要开采层。岩性主要是含砂质的石盐层，盐层结构比较松散，孔隙度、给水度较大，赋存潜水型晶间卤水和孔隙卤水，矿床规模及储量较大，富水性较强，易于开采。含水层富水性的总体分布规律是，由盐湖边部往中心逐渐增强，垂向上富水性相差很大；含水层矿化度也呈现由边部往中心增高的趋势，盐湖中心卤水矿化度可到 300g/L 以上，主要归因于盆地中心径流基本停滞及强烈蒸发作用。

下含水段（I_2）即 S_{1+2} 承压型晶间卤水含水层。岩性主要为石盐，由数个单层组成含水层组，盐层多呈胶结致密状，孔隙度、给水度较小，富水性较弱，赋存承压型晶间卤水，矿床规模及储量较小。

I_1、I_2 两含水层（组）之间水力联系不密切，在弱隔水层分布地段及边缘部位有越流补给现象。

2. 天然条件下晶间卤水的补给、径流与排泄

地表径流在山前戈壁大量渗漏，补给地下水，构成地下径流，在盐湖带前缘，地下水以泉的形式溢出、排泄，在冲积平原以河流入渗方式再次补给地下水，至盆地中心形成湖

泊,间接补给晶间卤水。在枯水季节,晶间卤水也可反补地表湖水,如达布逊湖。就整个研究区而言,晶间卤水的主要补给来源是南部的地表水、北部的地下径流。

地下水的主要补给来源是大气降水和盆地两侧山区形成的地表、地下径流。向察尔汗盐湖汇集的河流是地下水最主要的补给源。由于盐层渗透性好,天然条件下,潜水型晶间卤水埋藏很浅,可以得到大气降水的补给。由山区降水融雪形成地表径流,在山前戈壁渗漏,构成地下径流,至戈壁滩前缘地下水溢出成河或继续补给地下水,并直达盆地中的湖泊。开采后潜水埋深加大,大气降水补给量基本可以忽略不计。

地下水的最终排泄方式是人为大规模开采和强烈的垂直蒸发。

天然状态下,在 340 勘探线附近、别勒滩与达布逊拱起带为地下水分水岭,其东向达布逊湖排泄,平均水力坡度 0.045‰,其西向西采区北缘排泄,平均水力坡度 0.029‰。

天然状态下,以丰水年实测的瞬时河水流量推算,补给察尔汗盐湖的年总水量达 $7×10^8 m^3$ 左右,其中周边河水占 79%~87%,降水下渗占 12%~20%,周边地下水仅占 1%。周边水以汇入达布逊湖的格尔木河最大,约占总量的 90%,盐湖四周湖泊的年蒸发量达 $6×10^8 m^3$ 左右,盐滩的蒸发量每年在 $1×10^8 m^3$ 左右。补给水量等于或稍小于排泄量,致使盐类析出,晶间卤水趋于浓缩。河水流量的大小与其注入湖泊面积的大小及湖水蒸发量的大小呈现同步增减,使补给盐湖的总水量与其排泄量之间的关系趋于稳定。在 1989 年夏季遇特大洪水,河水流量猛增,致使湖泊面积扩展,湖水补给晶间卤水,地下水位显著回升。

第 3 章   别勒滩钾矿区地质特征

察尔汗盐湖是一个固、液相矿并存，以液体矿为开发对象的大型钾镁盐矿床，已探明固体钾盐矿资源量 2.96×10^8t，液体矿资源量 2.44×10^8t，成为中国钾肥的主要基地（青海钾肥厂，1988）。察尔汗盐湖西部的别勒滩区段于 2002 年开始开采晶间卤水，开采导致卤水水位快速下降及流场变化。随着察尔汗钾肥生产规模的扩大，巨量的低品位固体钾盐引起了人们的关注，而别勒滩区段是低品位固体钾盐的主要赋存区。因此有必要深入研究这些固体钾盐矿物组合、矿层品位分布规律等矿床地质特征。

3.1   地层岩性特征

选择别勒滩干盐湖西部为试验区，在试验区 S_2 剖面线选择 3 个钻孔开展地质研究，精细编录岩心、采集化学组分测试及盐矿鉴定样品，获取别勒滩区段钾盐矿物分布、固体钾含量变化规律、孔隙度等物性参数变化等溶矿试验关键矿床地质数据。

增程溶矿试验区地质研究孔 ZCS_2T_3、ZCS_2T_4、ZCS_2T_5 位于涩聂湖的东北部、二级补水渠的下游（图 3-1）。

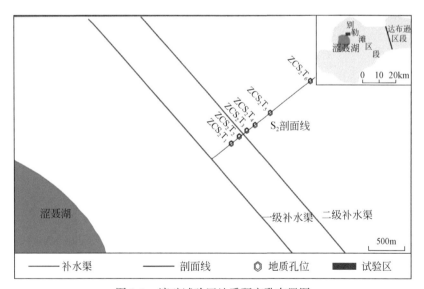

图 3-1   溶矿试验区地质研究孔布置图

根据野外钻孔岩心编录资料，综合盐矿鉴定成果，对别勒滩溶矿试验区的岩性特征、变化规律等综述如下。

3.1.1　ZCS$_2$T$_3$孔岩性特征

ZCS$_2$T$_3$孔进尺 16.10m，共确定 9 种岩性（图 3-2、图 3-3），主要岩性为含粉砂石盐，累计厚度 7.05m，占总进尺的 44%，其次为石盐质粉砂、含石盐黏土和石盐，累计厚度分别为 1.58m、1.90m 和 1.65m，其余 4 种岩性分别为黏土（累计厚度 0.74m）、粉砂质石盐（累计厚度 0.93m）、含石盐粉砂（累计厚度 1.58m）、含黏土石盐（累计厚度 0.55m）、含石盐杂卤石（0.12m）。

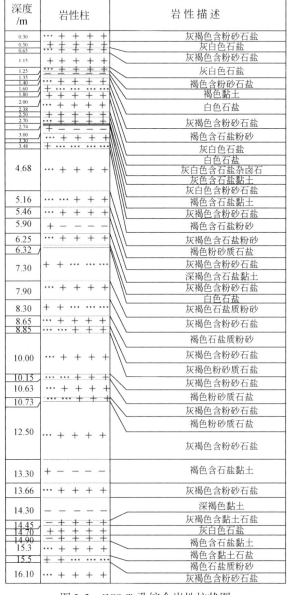

图 3-2　ZCS$_2$T$_3$孔综合岩性柱状图

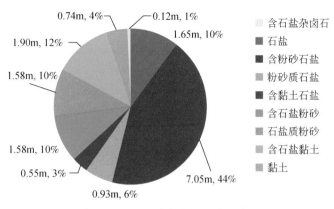

图 3-3 ZCS$_2$T$_3$孔各岩性所占百分比

3.1.2 ZCS$_2$T$_4$孔岩性特征

ZCS$_2$T$_4$终孔深度 18.00m，主要岩性为含粉砂石盐，累计厚度 6.60m（表 3-1），占总进尺的 39.17%，各深度均有分布；其次为石盐，累计厚度 3.32m（18.44%），主要分布在 0~0.32m（3 层）和 13.37~14.79m，前者石盐与含粉砂石盐层互层，后者与黏土层互层；碎屑层占总进尺的 31%，分别为粉砂层（含石盐粉砂、石盐质粉砂）和黏土层（含石盐黏土、石盐质黏土、黏土），粉砂层累计厚度 3.11m，占总进尺的 17.28%，主要出现在 6.10~9.52m（6 层），黏土层所占比例相对较小，为 13.72%，累计厚度 2.47m，主要分布于 5.00~5.40m（2 层）和 10.70~14.60m（6 层），后者与石盐层互层产出。岩性特征见图 3-4。

表 3-1 ZCS$_2$T$_4$孔各岩性厚度统计表

岩性	石盐	含粉砂石盐、含黏土石盐	粉砂质石盐、黏土质石盐	含石盐粉砂、石盐质粉砂	含石盐黏土、石盐质黏土、黏土
累计厚度/m	3.32	7.05	2.05	3.11	2.47
占总厚度百分比/%	18.44	39.17	11.39	17.28	13.72

3.1.3 ZCS$_2$T$_5$孔岩性特征

ZCS$_2$T$_5$孔终孔深度 17.00m（图 3-5）。主要岩性为含粉砂石盐（表 3-2），累计厚度占总进尺的 47.12%，石盐层厚度大部分在 0.1~0.3m，分布深度为 0.40~3.10m（4 层）、10.40~15.10m（4 层）。碎屑层主要为粉砂层（含石盐粉砂和石盐质粉砂，共 9 层）和含石盐黏土层（共 6 层），累计厚度共占总进尺的 35.23%。

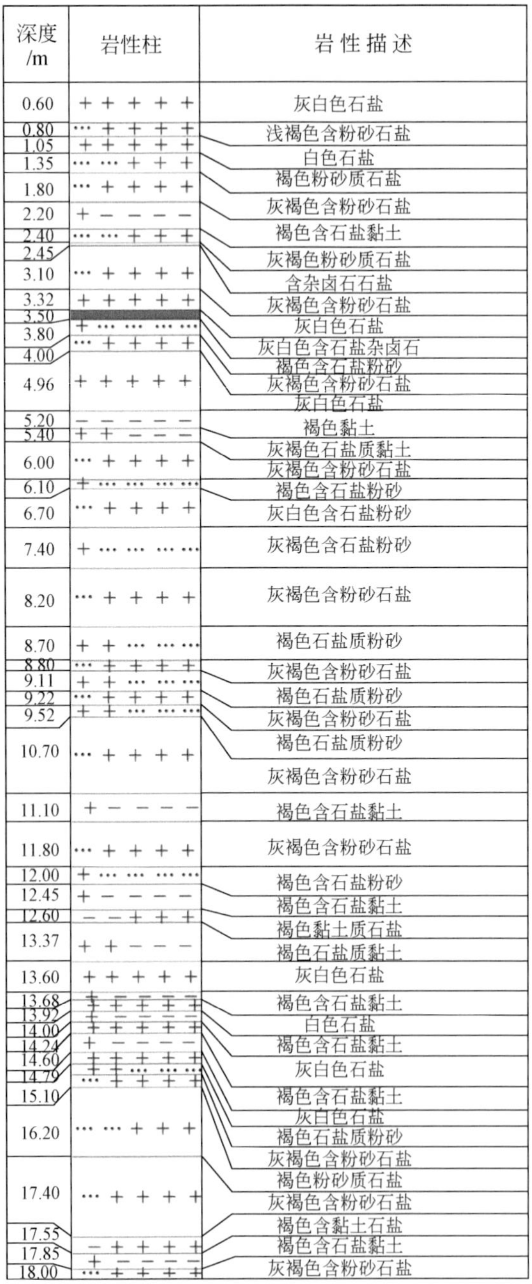

深度/m	岩性柱	岩 性 描 述
0.60	+ + + + +	灰白色石盐
0.80	··· + + + +	浅褐色含粉砂石盐
1.05	+ + + + +	白色石盐
1.35	··· ··· + + +	褐色粉砂质石盐
1.80	··· + + + +	灰褐色含粉砂石盐
2.20	+ − − − −	褐色含石盐黏土
2.40	··· + + + +	灰褐色粉砂质石盐
2.45		含杂卤石石盐
3.10	··· + + + +	灰褐色含粉砂石盐
3.32	+ + + + +	灰白色石盐
3.50	+ ··· ··· ··· ···	灰白色含石盐杂卤石
3.80	··· + + + +	褐色含石盐粉砂
4.00		灰褐色含粉砂石盐
4.96	+ + + + +	灰白色石盐
5.20	− − − − −	褐色黏土
5.40	+ + − − −	灰褐色石盐质黏土
6.00	··· ··· + + +	灰褐色含粉砂石盐
6.10	+ ··· ··· ··· ···	褐色含石盐粉砂
6.70	··· + + + +	灰白色含石盐粉砂
7.40	+ ··· ··· ··· ···	灰褐色含石盐粉砂
8.20	··· + + + +	灰褐色含粉砂石盐
8.70	+ + ··· ··· ··· ···	褐色石盐质粉砂
8.80	··· + + + +	灰褐色含粉砂石盐
9.11	+ + + + +	褐色石盐质粉砂
9.22	··· + + + +	灰褐色含粉砂石盐
9.52	+ + + + +	褐色石盐质粉砂
10.70	··· + + + +	灰褐色含粉砂石盐
11.10	+ − − − −	褐色含石盐黏土
11.80	··· + + + +	灰褐色含粉砂石盐
12.00	+ ··· ··· ··· ···	褐色含石盐粉砂
12.45	+ − − − −	褐色含石盐黏土
12.60	− − + + +	褐色黏土质石盐
13.37	+ + − − −	褐色石盐质黏土
13.60	+ + + + +	灰白色石盐
13.68	+ − + − +	褐色含石盐黏土
13.92	+ + + + +	白色石盐
14.00	+ + + + +	褐色含石盐黏土
14.24	+ − − − −	灰白色石盐
14.60	+ − + − +	褐色含石盐黏土
14.79	+ − + − +	
15.10	··· + + +	灰白色石盐
16.20	··· ··· + + +	褐色含石盐黏土
		灰白色石盐
		褐色石盐质粉砂
17.40	··· + + +	灰褐色含粉砂石盐
		褐色粉砂质石盐
		灰褐色含粉砂石盐
17.55	− + + +	褐色含黏土石盐
17.85	+ − − − +	褐色含石盐黏土
18.00	··· + + + +	灰褐色含粉砂石盐

图 3-4　ZCS$_2$T$_4$孔综合岩性柱状图

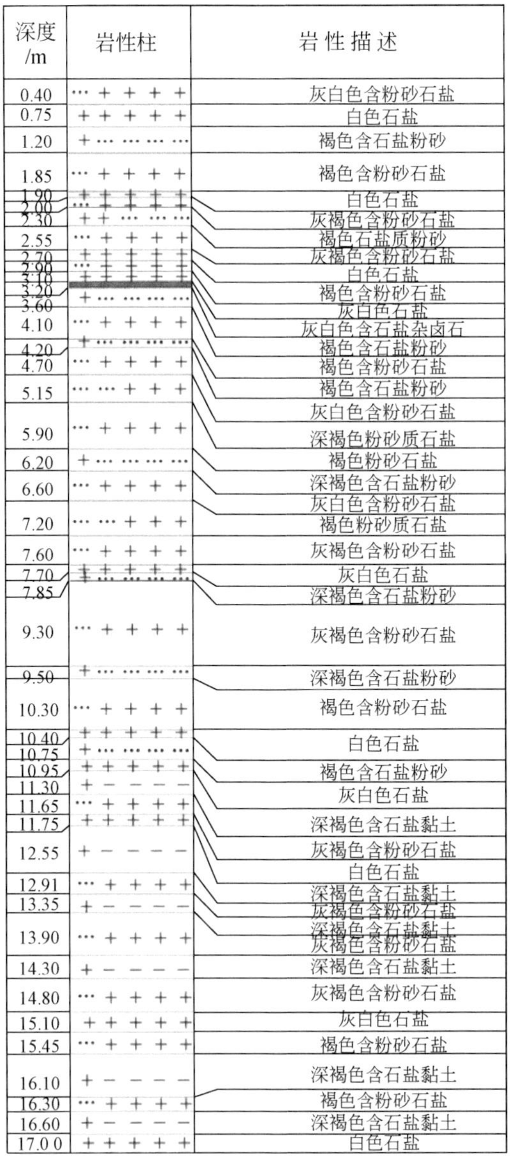

深度/m	岩性柱	岩 性 描 述
0.40		灰白色含粉砂石盐
0.75		白色石盐
1.20		褐色含石盐粉砂
1.85		褐色含粉砂石盐
1.90		白色石盐
2.00		灰褐色含粉砂石盐
2.30		
2.55		褐色石盐质粉砂
2.70		灰褐色含粉砂石盐
2.90		白色石盐
3.10		
3.20		褐色含粉砂石盐
3.60		灰白色石盐
4.10		灰白色含石盐杂卤石
4.20		褐色含石盐粉砂
4.70		褐色含粉砂石盐
5.15		褐色含石盐粉砂
5.90		灰白色含粉砂石盐
		深褐色粉砂质石盐
6.20		褐色粉砂石盐
6.60		深褐色含石盐粉砂
		灰白色含粉砂石盐
7.20		褐色粉砂质石盐
7.60		灰褐色含粉砂石盐
7.70		灰白色石盐
7.85		深褐色含石盐粉砂
9.30		灰褐色含粉砂石盐
9.50		深褐色含石盐粉砂
10.30		褐色含粉砂石盐
10.40		白色石盐
10.75		
10.95		褐色含石盐粉砂
11.30		灰白色石盐
11.65		
11.75		深褐色含石盐黏土
12.55		灰褐色含粉砂石盐
		白色石盐
12.91		深褐色含石盐黏土
13.35		灰褐色含粉砂石盐
13.90		灰褐色含石盐黏土
		灰褐色含粉砂石盐
14.30		深褐色含石盐黏土
14.80		灰褐色含粉砂石盐
15.10		灰白色石盐
15.45		褐色含粉砂石盐
16.10		深褐色含石盐黏土
16.30		褐色含粉砂石盐
16.60		深褐色含石盐黏土
17.00		白色石盐

图 3-5 ZCS$_2$T$_5$孔综合岩性柱状图

表 3-2 ZCS$_2$T$_5$孔岩性厚度统计表

岩性	石盐	含粉砂石盐	粉砂质石盐	含石盐粉砂	石盐质粉砂	含石盐黏土
累计厚度/m	1.95	8.01	1.05	2.75	0.3	2.94
占总厚度百分比/%	11.47	47.12	6.18	16.18	1.76	17.29

3.1.4 岩性分布规律

由 S$_2$线钻孔岩性对比图（图 3-6）可以看出，含粉砂石盐作为该地区的主要岩性，在各个深度均有分布；其次为碎屑层（粉砂层和黏土层），碎屑层所占比例自西向东有逐渐增大趋势。黏土层多出现在11.00~15.50m，形成与石盐层互层产出的层状构造，黏土层代表淡化环境，石盐层代表咸化环境。粉砂层在 ZCS$_2$T$_3$ 孔出现 7 层，累计厚度 2.11m，ZCS$_2$T$_4$孔累计厚度3.11m（10 层），ZCS$_2$T$_5$孔累计厚度3.05m，出现 9 层，粉砂层多出现在 3.50~11.00m。粉砂层指示盐湖淡化环境，说明当时的水动力条件强于黏土层沉积阶段。

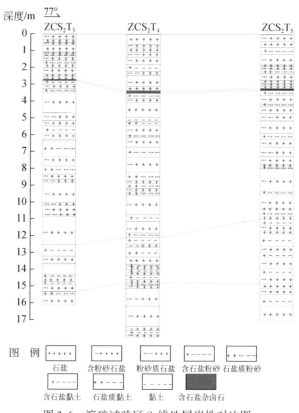

图 3-6　溶矿试验区 S$_2$ 线地层岩性对比图

在研究区的 2.50~3.50m 有厚约5cm的石盐与杂卤石互层，石盐层和杂卤石层较薄，厚度多为 1~2mm，可作为研究区的标志层（岩性柱状图中以充填颜色标识）。

岩性分布规律揭示出地层深部（11.00~15.50m）出现蒸发岩与碎屑岩互层，且单层厚度较薄，表明了干湿气候的快速交替；中深部（3.50~11.00m）也为蒸发岩与碎屑岩互层展布，但厚度显著增大，蒸发岩层多为 0.50~1.50m 厚，而碎屑层多为 0.10~0.30m 厚，反映出干、湿气候变化频率变小，且干旱气候时长明显增加；浅地表（0~3.50m）主要为含粉砂的石盐，为干盐湖沉积，反映气候持续干旱、蒸发作用强烈。

岩性分布规律揭示出盐湖沉积环境演化：先经历了干湿气候的快速交替，再到干湿气候缓慢交替，最终到达干旱气候的变化规律。此外，根据碎屑岩地层展布特点，由地层下部的黏土层到上部的粉砂层分布特点说明盐湖沉积晚期水动力条件强于早期。

3.2　矿物学特征

采集溶矿前 3 个钻孔、溶矿后 3 个对比孔岩心盐矿鉴定样品 76 件，对样品进行薄片镜下鉴定、X 射线衍射分析以及扫描电镜分析，共鉴定出 13 种矿物，其中盐类矿物 8 种，分别为石盐、杂卤石、光卤石、水氯镁石、石膏、硬石膏、半水石膏、方解石、白云石，碎屑矿物有石英、云母、钠长石、绿泥石。盐类矿物鉴定特征及鉴定结果阐述如下。

3.2.1　盐类矿物种类

（1）石盐（NaCl，halite）。无色透明或白色，易溶于水，味咸。多数为 $1 \sim 2mm$ 的中-细晶，少数为 $2 \sim 10\mu m$ 的微晶，结晶程度高，多为立方体，少数出现针状集合体（照片 3-1），自生矿物，扫描电镜和薄片鉴定下的石盐晶体边部多呈被溶蚀状态（照片 3-2、照片 3-3），石盐晶体多为镶嵌生长（照片 3-4），有溶蚀孔洞，孔中见溶蚀状的光卤石并析出呈龟裂状的氯化镁沉淀物。

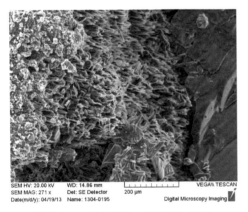

照片 3-1　针状石盐（ZCS$_2$T$_4$-B10）

照片 3-2　溶蚀的石盐（ZCS$_2$T$_5$-B10）

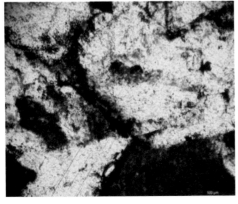

照片 3-3　被溶蚀石盐（ZCS$_2$T$_3$-B19）（－）

照片 3-4　石盐镶嵌生长（ZCS$_2$T$_3$-B15）（－）

（2）杂卤石 ［$K_2Ca_2Mg(SO_4)_4 \cdot 2H_2O$，polyhalite］。微晶，呈针状、片状（照片 3-5）、他形粒状，集合体呈绒球状（照片 3-6）、放射状（照片 3-7），有交代光卤石（照片 3-8）、半水石膏、硬石膏（照片 3-9）、石盐等现象。杂卤石出现溶蚀现象，孔隙发育（照片 3-10）。干涉色为一级灰白黄到二级蓝，正低突起。

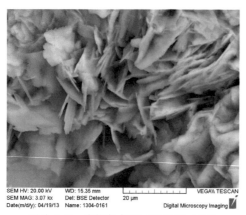

照片 3-5　片状杂卤石（ZCS_2T_3-B24）

照片 3-6　杂卤石绒球状集合体（ZCS_2T_5-B23）

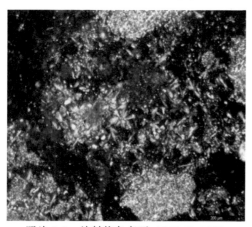

照片 3-7　放射状杂卤石（ZCS_2T_5-B12）

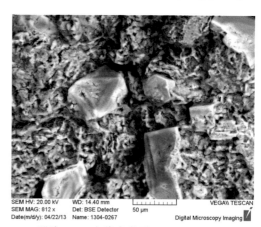

照片 3-8　交代光卤石（ZCS_2T_5-B24）

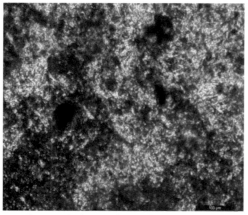

照片 3-9　杂卤石交代硬石膏（ZCS_2T_3-B24）

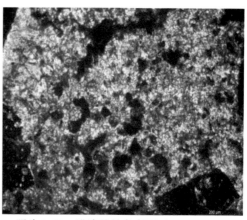

照片 3-10　遭溶蚀的杂卤石（ZCS_2T_5-B6）

（3）硬石膏（$CaSO_4$，anhydrite）。无色透明晶体少见，常为白色、浅灰至深灰色。玻璃光泽，解理面见珍珠晕彩，加热时这种晕彩特别显著。试验区发现的硬石膏多为石膏脱水形成，保留有石膏外形（照片 3-11），部分呈他形粒状，薄片下干涉色可达三级绿色（照片 3-12）。

 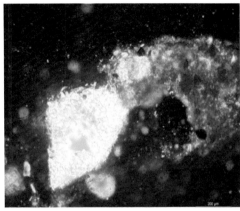

照片 3-11　石膏脱水形成的硬石膏（ZCS_2T_3-B1）　　　照片 3-12　硬石膏三级绿色干涉色（ZCS_2T_3-B23）

（4）光卤石（$KMgCl_3 \cdot 6H_2O$，carnallite）。为灰白色，多数为 0.2mm 左右，少数为 0.05～0.1mm，一般形成于石盐颗粒之间或其溶洞中，多被杂卤石交代，呈熔融状或交代残余状（照片 3-13），薄片中无色，二轴晶正光性，负中–低突起，干涉色为二级红绿黄（照片 3-14）。

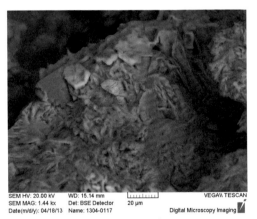 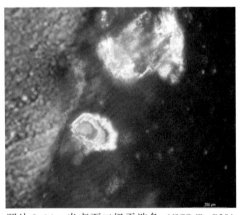

照片 3-13　光卤石的交代残余（ZCS_2T_3-B10）　　　照片 3-14　光卤石二级干涉色（ZCS_2T_5-B20）

（5）水氯镁石（$MgCl_2 \cdot 6H_2O$，bischofite）：晶间卤水蒸发形成水氯镁石（照片 3-15），未见完整晶型，与少量的光卤石、石盐共生。

（6）石膏（$CaSO_4 \cdot 2H_2O$，gypsum）：常有石膏被钙芒硝交代现象，呈菱板状（照片 3-16），部分呈碎屑状。解理极完全，解理薄片具挠性，常见燕尾双晶。

（7）半水石膏（$2CaSO_4 \cdot H_2O$，bassanite）：显微针状，集合体多呈钙芒硝外形或石膏外形，边部多呈杂卤石化（照片 3-17），正交光下板状内部显示火焰状（照片 3-18），部分与硬石膏共生。

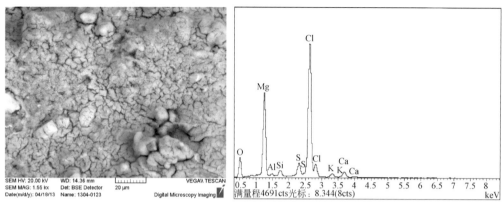

照片 3-15　龟裂状水氯镁石（ZCS₂T₃-B13）

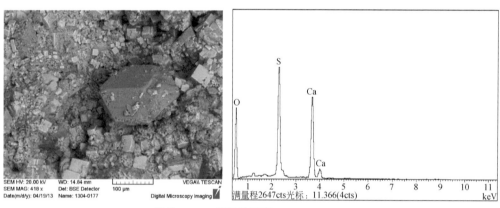

照片 3-16　菱板状石膏（ZCS₂T₄-B8）

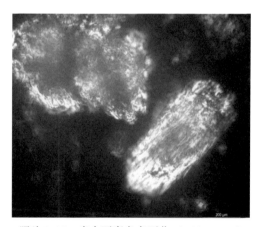

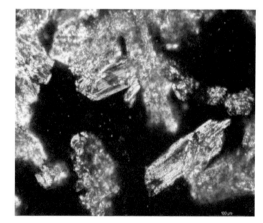

照片 3-17　半水石膏杂卤石化（ZCS₂T₅-B2）　　照片 3-18　半水石膏与硬石膏共生（ZCS₂T₅-B26）

（8）方解石（$CaCO_3$，calcite）、白云石（$CaMg(CO_3)_2$，dolomite），两种碳酸盐矿物只在 X 射线衍射中鉴定出，X 射线衍射能谱图如图 3-7、图 3-8 所示。

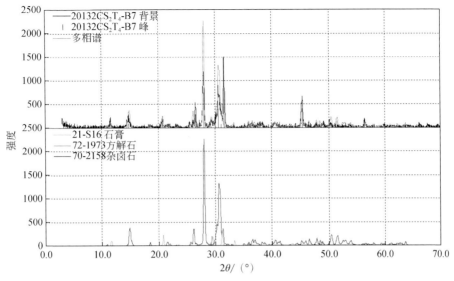

图 3-7　方解石 X 射线衍射能谱图（ZCS_2T_4-B7）

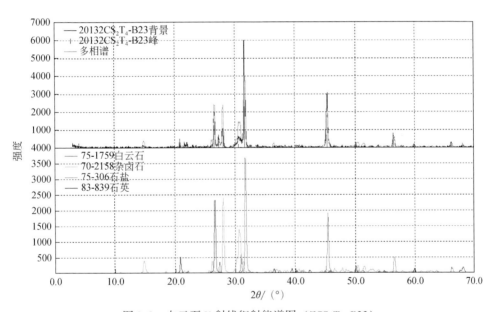

图 3-8　白云石 X 射线衍射能谱图（ZCS_2T_4-B23）

3.2.2　盐类矿物含量分布

1. X 射线衍射分析法

试验前后共 49 件固体样品进行了 X 射线衍射分析（半定量），其中试验前 17 件、试验后 32 件，分析试验后固体样品的分析结果（表 3-3），表明试验区矿物主要由石盐、杂卤石、石膏、硬石膏、方解石、白云石、石英 7 种矿物组成，其中钾盐矿物为杂卤石。

表 3-3　试验后固体钾盐矿物 X 射线衍射分析结果

样品编号	深度/m	石盐	石膏	石英	杂卤石	硬石膏	方解石	白云石
20132CS$_2$T$_3$-B10	3.00~3.20	100.0%						
20132CS$_2$T$_3$-B11	3.20~3.30	25.0%			75.0%			
20132CS$_2$T$_3$-B13	4.40~4.68	90.0%		5.0%		5.0%		
20132CS$_2$T$_3$-B15	5.16~5.36	80.0%		10.0%	10.0%			
20132CS$_2$T$_3$-B16	5.90~6.25	100.0%						
20132CS$_2$T$_3$-B17-1	8.30~8.65	80.0%		5.0%	15.0%			
20132CS$_2$T$_3$-B19	8.85~9.35	80.0%		10.0%	10.0%			
20132CS$_2$T$_3$-B20	9.35~10.00	80.0%		5.0%	15.0%			
20132CS$_2$T$_3$-B21	10.73~11.60	85.0%			15.0%			
20132CS$_2$T$_3$-B22	12.30~12.45	85.0%			15.0%			
20132CS$_2$T$_3$-B23	13.61~13.66	55.0%			45.0%			
20132CS$_2$T$_3$-B24	15.10~15.30	80.0%			20.0%			
20132CS$_2$T$_4$-B6	2.41~2.46	70.0%		5.0%	25.0%			
20132CS$_2$T$_4$-B7	3.22~3.40		10.0%		85.0%		5.0%	
20132CS$_2$T$_4$-B8	3.80~4.00			15.0%	85.0%			
20132CS$_2$T$_4$-B9	4.68~4.96	50.0%		5.0%	15.0%			
20132CS$_2$T$_4$-B10	4.96~5.00	15.0%		5.0%	85.0%			
20132CS$_2$T$_4$-B12	6.30~6.65	100.0%						
20132CS$_2$T$_4$-B13	6.65~6.70	10.0%			90.0%			
20132CS$_2$T$_4$-B14	9.11~9.22	100.0%						
20132CS$_2$T$_4$-B16	11.45~11.80	95.0%		5.0%				
20132CS$_2$T$_4$-B22	14.60~14.79	100.0%						
20132CS$_2$T$_4$-B23	15.10~16.20	40.0%		20%	35%			5%
20132CS$_2$T$_4$-B24	17.40~17.55	80.0%			20.0%			
20132CS$_2$T$_5$-B10	2.70~2.90	100.0%						
20132CS$_2$T$_5$-B12	3.10~3.20	55.0%		10.0%		15.0%		
20132CS$_2$T$_5$-B16	3.60~4.10	85.0%		5.0%				
20132CS$_2$T$_5$-B22	10.95~11.30	40.0%		20.0%	35.0%		5.0%	
20132CS$_2$T$_5$-B23	11.65~11.75	85.0%			15.0%			
20132CS$_2$T$_5$-B24	13.55~13.90	30.0%		20.0%	45.0%			
20132CS$_2$T$_5$-B26	15.10~15.45	70.0%			15.0%	15.0%		
20132CS$_2$T$_5$-B27	16.60~17.00	85.0%			15.0%			

　　由表 3-3 可见，石盐作为该地区的主要贯通矿物，分布广泛，3 个孔中均有出现，且含量高；硫酸盐矿物主要为石膏和硬石膏，出现深度 3.10~4.68m，石膏出现在 ZCS$_2$T$_4$（深度 3.22~3.40m），硬石膏在 ZCS$_2$T$_3$、ZCS$_2$T$_5$，分布深度分别为 4.40~4.68m、3.10~3.20m；碳酸盐矿物主要为方解石和白云石，含量 5%，方解石主要出现在 3.22~3.40m（ZCS$_2$T$_4$）和 10.95~11.30m（ZCS$_2$T$_5$），白云石出现在 15.10~16.20m（ZCS$_2$T$_4$）；杂卤石

作为出现的唯一含钾矿物，深度分布比较广泛，利用 X 射线衍射的半定量分析结果显示含量多在 10% 以上，最高值出现在 ZCS_2T_4 孔的 $6.65 \sim 6.70m$ 层段，含量高达 90%。

2. 薄片鉴定

薄片鉴定 64 件样品，共发现 6 种盐类矿物，分别为石盐、杂卤石、光卤石、硬石膏、半水石膏、石膏。

石盐作为主要矿物，镜下可以看出石盐晶体多为 $1 \sim 3mm$ 的中细晶，晶体边缘溶蚀现象较严重（照片 3-19），残余晶体保留发育的解理；其次为杂卤石，含量多在 10% 左右，微晶，多呈纤维放射状（照片 3-20），镜下发现石膏、硬石膏（照片 3-21）、半水石膏都有被杂卤石交代的现象，少量石盐晶体也出现被杂卤石交代现象，杂卤石多形成于石盐晶间，与黏土碎屑共生，少数形成于石盐晶体溶洞中，硬石膏、半水石膏、石膏多共生，硬石膏多交代石膏形成，半水石膏同样保留石膏外形，石膏出现板状、针状及他形粒状。光卤石仅出现一次，呈他形粒状（照片 3-22），镜下矿物特征说明试验区先形成石盐、石膏、半水石膏、硬石膏，最后形成杂卤石。

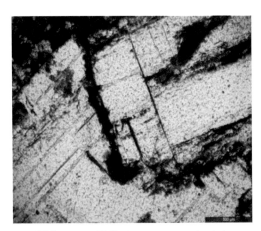

照片 3-19 石盐（ZCS_2T_3-B16）（-）

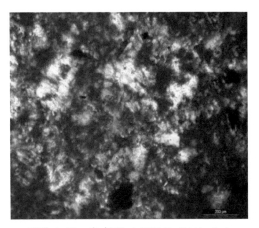

照片 3-20 杂卤石（ZCS_2T_5-B11）（+）

照片 3-21 硬石膏（ZCS_2T_3-B24）（+）

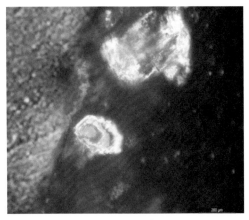

照片 3-22 光卤石（ZCS_2T_5-B2）（+）

3. 扫描电镜分析

扫描电镜分析固体样品，以揭示盐类矿物的微观特征，分析试验溶矿效果。试验前固体样品的测试结果见表3-4。

表3-4 扫描电镜分析结果

序号	孔号	样号	深度/m	KCl 含量（质量分数）/%	KCl 平均值（质量分数）/%	主要盐矿物	岩性命名
1	ZCS$_2$T$_3$	ZCS$_2$T$_3$-B12	9.57	2.92	2.11	石盐、水氯镁石、光卤石	含光卤石水氯镁石石盐
2		ZCS$_2$T$_3$-B15	13.60	1.45		石盐、水氯镁石、光卤石、杂卤石	含杂卤石光卤石水氯镁石石盐
3		ZCS$_2$T$_3$-B16	14.80	1.95		石盐、水氯镁石、光卤石、石膏	含光卤石石膏水氯镁石石盐
4	ZCS$_2$T$_4$	ZCS$_2$T$_4$-B7	4.15	0.53	3.12	石盐、杂卤石、光卤石、石膏	含杂卤石光卤石石盐
5		ZCS$_2$T$_4$-B9	6.40	4.39		石盐、光卤石、水氯镁石	含水氯镁石光卤石石盐
6		ZCS$_2$T$_4$-B13	10.00	4.86		石盐、光卤石、杂卤石	含杂卤石光卤石石盐
7		ZCS$_2$T$_4$-B14	11.00	3.58		石盐、光卤石、杂卤石	含杂卤石光卤石石盐
8		ZCS$_2$T$_4$-B15	11.65	4.41		石盐、光卤石、杂卤石	含杂卤石光卤石石盐
9		ZCS$_2$T$_4$-B19	15.05	1.68		石盐、水氯镁石、光卤石	含光卤石水氯镁石石盐
10		ZCS$_2$T$_4$-B20	17.80	2.43		石盐、石膏、光卤石	含光卤石石膏石盐
11	ZCS$_2$T$_5$	ZCS$_2$T$_5$-B14	13.65	2.65	2.49	水氯镁石、石盐、光卤石	含光卤石氯化镁石盐
12		ZCS$_2$T$_5$-B15	15.40	3.06		水氯镁石、石盐、光卤石	含光卤石水氯镁石石盐
13		ZCS$_2$T$_5$-B18	16.70	1.76		石盐、水氯镁石、光卤石、杂卤石	含光卤石杂卤石水氯镁石石盐

扫描电镜分析鉴定出4种盐类矿物：石盐、杂卤石、光卤石、水氯镁石。石盐多为立方体，晶洞发育，大部分为镶嵌生长，结构疏松，边部有溶蚀现象；杂卤石多呈片状、纤维状，集合体呈放射状、绒球状（照片3-23），晶型较完整，多包围光卤石，形成交代光

卤石现象（照片 3-24），多形成于石盐晶体溶洞或晶间裂隙中；光卤石多呈半自形粒状，零星分布（照片 3-25），个别集合体呈条带状分布（照片 3-26），晶体最大可达到 0.2mm，少部分被杂卤石交代，呈交代残余状。

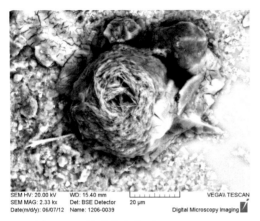

照片 3-23　绒球状杂卤石（ZCS$_2$T$_4$-B14）

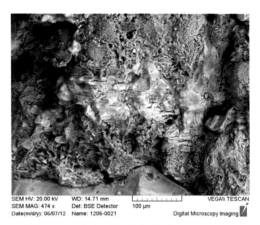

照片 3-24　杂卤石交代光卤石（ZCS$_2$T$_4$-B7）

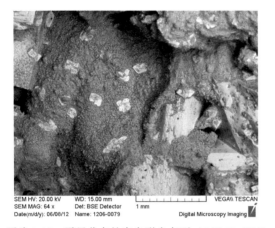

照片 3-25　零星分布的半自形光卤石（ZCS$_2$T$_5$-B14）

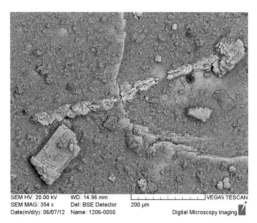

照片 3-26　光卤石条带状集合体（ZCS$_2$T$_4$-B15）

3.2.3　钾盐矿物及分布规律

由 X 射线衍射分析、薄片鉴定和扫描电镜分析结果，结合钻孔岩性编录成果，确定试验区钾盐矿物有杂卤石、光卤石。

杂卤石在试验区分布广泛，是主要的钾盐矿物，浅部（深度约 3.0m）普遍发育含石盐杂卤石薄层，X 衍射分析结果则揭示出深部（6.0m 以下）也存在杂卤石富集段，杂卤石含量最高 90%（ZCS$_2$T$_4$-B13，深度 6.65~6.70m），最低含量 10%（ZCS$_2$T$_3$-B19，深度 8.85~9.35m），平均含量 27.9%。

光卤石主要由扫描电镜分析确定，光卤石与石盐矿物共生，3 个钻孔不同深度样品中都有出现，结合钾含量分析，地层中部（深度 6.40~11.65m）相对富集。光卤石为易溶矿物，多数光卤石大小为微米级，有利于水溶开采。

3.3 含钾层物性特征

卤水钾矿赋存于盐类矿物晶间孔隙及碎屑岩孔隙裂隙中，岩性物性对溶剂入渗补给、运移、溶矿具有重要影响。溶矿前后共对试验区的 27 件孔隙度样品进行了体重、湿度、孔隙度、给水度 4 种物理参数测定。对溶矿前的 13 件样品进行数据（表3-5）分析。

表3-5 溶矿前试验孔的物性特征

孔号	原送样号	深度/m	体重 $\gamma/(g/cm^3)$	湿度 $W/\%$	孔隙度 $N/\%$	给水度 $V/\%$
ZCS_2T_3	$2012ZCS_2T_3$-K1	0.20	1.73	1.10	15.30	13.40
	$2012ZCS_2T_3$-K5	5.30	1.77	3.48	15.43	9.27
	$2012ZCS_2T_3$-K7	8.60	1.75	2.28	15.34	11.35
	$2012ZCS_2T_3$-K8	9.70	1.72	4.53	18.71	10.92
	$2012ZCS_2T_3$-K9	13.00	1.81	9.31	19.93	3.08
	$2012ZCS_2T_3$-K11	14.58	1.74	3.86	17.59	10.87
ZCS_2T_4	$2012ZCS_2T_4$-K2	2.10	1.70	2.10	17.61	14.04
	$2012ZCS_2T_4$-K5	8.55	1.76	3.73	16.53	9.97
	$2012ZCS_2T_4$-K8	17.80	1.72	5.57	19.99	1.41
ZCS_2T_5	$2012ZCS_2T_5$-K1	0.85	1.67	1.57	18.22	15.60
	$2012ZCS_2T_5$-K2	2.55	1.76	6.49	22.08	11.05
	$2012ZCS_2T_5$-K4	5.95	1.79	6.88	17.48	5.16
	$2012ZCS_2T_5$-K5	9.80	1.75	3.26	16.19	10.49
最大值			1.81	9.31	22.08	15.60
最小值			1.67	1.10	15.30	1.41
均值			1.74	4.17	17.72	9.74

3.3.1 孔隙度

孔隙形态多样，若干晶体组成的孔隙形态有三角形、多边形、长条形及不规则浑圆状；群体孔隙常呈蜂窝状。

试验区的孔隙按成因类型可分为原生晶间孔隙和次生晶间孔隙。

（1）原生晶间孔隙。盐类矿物或碎屑从湖水中沉积到湖底自然堆积形成的晶间及碎屑颗粒间的孔隙为原生孔隙，可细分为原生晶间孔隙（照片3-27）和碎屑颗粒晶间孔隙。由于试验区属于第四纪松散沉积，没有经过压实成岩作用，故原生孔隙发育。有利于溶矿试验溶剂的流通。

（2）次生晶间孔隙。此类孔隙多分布于石盐晶体中，多被较淡卤水溶蚀形成（照片
3-28），其中很多溶蚀的孔隙被后期杂卤石、光卤石充填。

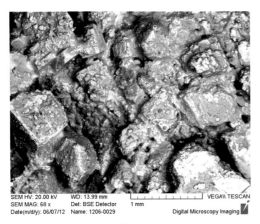

照片 3-27　原生晶间空隙（ZCS_2T_4-B9）　　　　　照片 3-28　次生晶间空隙（ZCS_2T_5-B7）

试验区孔隙多为原生晶间孔隙，由表 3-5 可以看出，孔隙度变化范围为 15.30%~
22.08%，3 个钻孔 ZCS_2T_3、ZCS_2T_4、ZCS_2T_5 的孔隙度均值分别为 17.05%、18.04%、
18.50%。总体上孔隙度变化范围不大。最大值出现在 ZCS_2T_5 孔的 2.55m 处，该层岩性为
含粉砂石盐，中细晶结构，粉砂含量在 15%。最小值出现在 ZCS_2T_3 孔的 0.20m 处，岩性
也为含粉砂石盐，中细晶结构，但粉砂含量约在 5%。可以推论，孔隙度与粉砂含量具有
一定的相关性。

3.3.2　给水度

通常情况是含水层为松散沉积物，颗粒粗、大小均匀，则给水度大。试验区样品给水
度变化范围是 1.41%~15.60%，变化幅度较大，平均值为 9.81%。三个钻孔 ZCS_2T_3、
ZCS_2T_4、ZCS_2T_5 的给水度均值（表 3-6）分别为 9.82%、8.47%、10.58%，ZCS_2T_5 的给水
度较大，ZCS_2T_4 则稍小。最大值出现在 ZCS_2T_5 的 0.85m 处，岩性为石盐，中细晶结构。
最小值出现在 ZCS_2T_4 的 17.80m，岩性为含石盐粉砂。可以看出石盐含量与给水度成正比。

表 3-6　试验区钻孔给水度统计表

给水度	2012ZCS_2T_3	2012ZCS_2T_4	2012ZCS_2T_5
最大值/%	13.40	14.04	15.60
最小值/%	3.08	1.41	5.16
均值/%	9.82	8.47	10.58

3.3.3　体重

体重即单位体积的质量，是评价别勒滩低品位固体钾盐资源的重要参数。根据规范

要求，固体矿石要按矿石类型和品级分别采取小体积质量（体重）样，在空间上应注意代表性和均匀性。体重样品采取后应立即用吸水纸将样品中所含卤水吸去，并尽快进行测定。

由图3-9可以看出，体重变化范围较小，均值为1.74g/cm³，最大值（1.81g/cm³）出现在ZCS₂T₃孔的13.00m处，最小值（1.67g/cm³）在ZCS₂T₅孔的0.85m。各孔的体重均呈现浅部小、中深部增大的趋势。ZCS₂T₃、ZCS₂T₄、ZCS₂T₅孔的体重均值分别为1.75g/cm³、1.73g/cm³、1.74g/cm³，说明试验区矿石体重较均一。

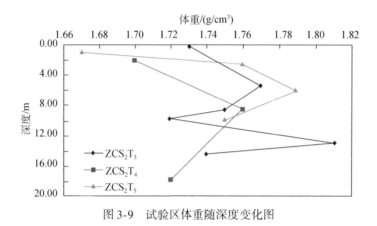

图3-9　试验区体重随深度变化图

3.4　固体地球化学特征

本节主要研究别勒滩盐湖增程溶矿试验区含矿层地球化学特征，阐述3个地质研究孔ZCS₂T₃、ZCS₂T₄、ZCS₂T₅的常微量元素离子组成及变化规律。

3.4.1　常量元素离子组成及分布特征

系统采集了3个钻孔岩心样品，测试项目为 K^+、Na^+、Ca^{2+}、Mg^{2+}、Cl^-、SO_4^{2-} 及水不溶物，共7项。

1. ZCS₂T₃孔

K^+：含量变化范围0.13%~2.40%，平均含量为1.21%（图3-10）。含量较大的层段2个。一是2.05~10.50m段，钾离子含量为0.64%~2.40%，平均含量为1.52%；二是11.00~12.50m段，钾离子含量变化范围1.14%~1.61%，平均为1.39%。峰值（2.40%）出现在2.55~3.05m，次峰值钾离子含量2.34%，出现在7.60~7.90m，峰值段岩性均为含粉砂石盐。

Na^+：含量平均值为24.22%，在0~2m含量较高，最高值出现在0.50~0.70m，为36.93%。2m以下深度，钠离子呈高、低相间分布特点。

Ca^{2+}：含量均值为4.52%，高值段出现在0.70~3.55m，最大值出现在1.70~2.05m，

该层段盐矿鉴定出石膏。其他深度值均小于 3%，变化不明显。与钠离子呈负相关。

Mg^{2+}：含量平均值为 1.27%，最大值为 1.87%（深度 6.30～6.80m），镁离子由浅到深呈缓慢增加趋势。

SO_4^{2-}：与钙离子呈正相关关系，含量最大值出现在 1.70～2.05m。说明硫酸根和钙离子多以石膏和杂卤石矿物形式存在。

Cl^-：与镁离子呈正相关关系，含量平均值 39.62%，最大值为 57.31%（深度 0.50～0.70m）。

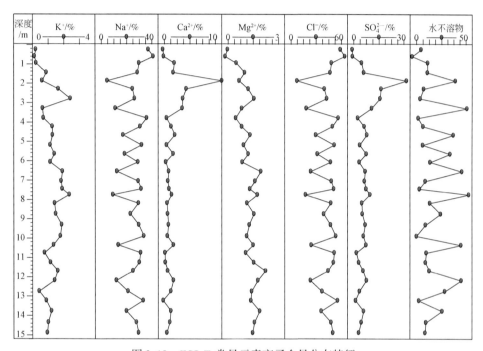

图 3-10　ZCS_2T_3 常量元素离子含量分布特征

2. ZCS_2T_4 孔

K^+：钾离子含量的变化范围为 0.11%～3.47%，平均为 1.25%（图 3-11）。含量较大的有 2 段，为 1.00～3.10m 和 5.90～10.40m。1.00～3.10m 段钾离子含量为 1.41%～3.47%，平均含量 2.16%；5.90～10.40m 段，钾离子含量为 1.30%～2.06%，均值为 1.61%；最大值（3.47%）出现在 2.60～3.10m。

Na^+：含量变化范围为 6.64%～35.38%，平均值为 16.93%。0～1.5m 含量较高，平均含量为 32.47%。1.50m 以下深度，钠离子含量呈高、低波动态势，但在 7.50～10.40m 处，钠离子变化不大。

Ca^{2+}：钙离子含量在 1.50～3.30m 出现高值，平均值为 5.45%，远高于全孔平均值 2.32%。其他层段钙离子含量变化不大，均小于 3%。

Mg^{2+}：镁离子含量变化范围为 0.13%～2.09%，均值为 1.24%，全孔由浅到深镁离子含量呈逐渐增大趋势。

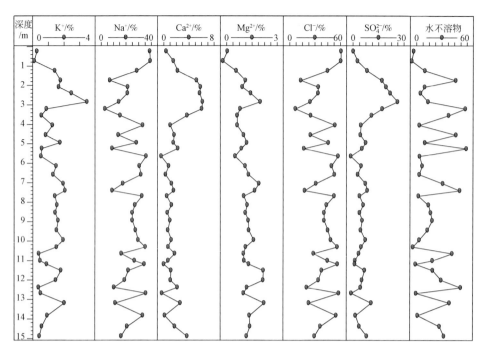

图 3-11　ZCS₂T₄常量元素离子含量分布特征

SO_4^{2-}：含量变化范围为 2.12%~24.00%，与钙离子呈正相关。

Cl^-：氯离子含量变化范围是 11.69%~54.95%，与钠离子呈正相关。

3. ZCS₂T₅孔

K^+：含量变化范围是 0.12%~2.58%，平均为 1.19%（图 3-12）。含量较大的有 3 段。第一段，1.00~2.40m，钾离子含量为 1.56%~1.93%，平均含量 1.74%；第二段，5.80~10.20m，钾离子含量为 1.23%~2.27%，此段均值为 1.75%；第三段，11.10~12.40m，钾离子含量为 1.14%~2.56%，平均含量 1.63%。其中，钾离子含量最高值 2.58%，出现在 3.10~3.60m 处（样品号 ZCS₂T₅-H8）。

Na^+：钠离子含量变化范围 8.31%~35.60%，0~1.90m 处为高值段，平均值 32.21%。1.9m 以下，含量多出现高低波动，其中，6.30~10.20m 段相对稳定。

Ca^{2+}：钙离子含量变化范围在 0.74%~9.04%，高值段出现在 1.90~2.60m 处，平均值为 8.53%，远高于全孔的平均值（2.19%）。其他深度相对稳定，变化幅度小，多在 3% 以下。

Mg^{2+}：镁离子含量在 0.22%~2.25%，由浅到深，出现逐渐增大的趋势，但 6.30~12.40m 段相对稳定。

SO_4^{2-}：含量变化范围为 2.03%~26.58%，均值为 8.16%，3.60~11.10m 处含量变化不大，平均含量为 6.65%。与钙离子呈正相关。

Cl^-：含量变化范围为 15.06%~55.51%，与钠离子呈正相关。

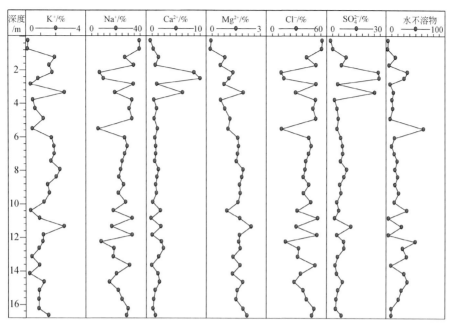

图 3-12　ZCS_2T_5 常量元素离子分布特征

3.4.2　微量元素离子组成及分布特征

钻孔 ZCS_2T_3、ZCS_2T_4、ZCS_2T_5 岩心样品 Li^+、Sr^{2+}、Br^-、B^{3+}、I^- 测试成果统计结果见表 3-7。由各孔微量元素离子的平均值可以看出，试验区 Li^+、Sr^{2+}、Br^-、B^{3+}、I^- 的平均值分别为 52.48×10^{-6}、91.15×10^{-6}、12.28×10^{-6}、268.15×10^{-6}、0.16×10^{-6}。各微量元素及碳酸根含量在深度上的变化规律参见图 3-13 ~ 图 3-15。

表 3-7　微量元素离子含量统计表　　　　　　　　　　（单位：10^{-6}）

钻孔号	孔深 /m	Li^+			Sr^{2+}			Br^-		
		最高	最低	均值	最高	最低	均值	最高	最低	均值
ZCS_2T_3	16.10	303.11	3.66	54.65	1036.26	10.49	86.08	18.64	8.67	12.43
ZCS_2T_4	18.00	138.16	1.94	48.80	544.96	4.91	91.40	17.62	7.01	12.40
ZCS_2T_5	16.80	153.84	6.54	54.00	687.43	8.02	95.96	19.62	7.07	12.00
平均				52.48			91.15			12.28

钻孔号	孔深 /m	B^{3+}			I^-		
		最高	最低	均值	最高	最低	均值
ZCS_2T_3	16.10	971.93	16.24	268.35	2.08	0.12	0.22
ZCS_2T_4	18.00	1194.66	22.98	268.51	0.31	0.06	0.14
ZCS_2T_5	16.80	1100.63	23.99	267.59	0.24	0.07	0.13
平均				268.15			0.16

1. ZCS$_2$T$_3$孔

Li$^+$：变化范围在 3.66×10^{-6} ~ 303.11×10^{-6}，平均值为 54.65×10^{-6}，由浅部到深部出现逐渐增加的趋势，但趋势缓慢，在 15.18m 处出现峰值（图 3-13）。

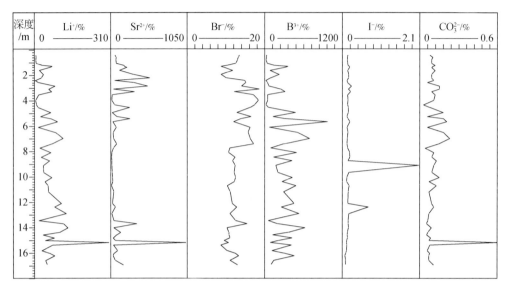

图 3-13　ZCS$_2$T$_3$孔微量元素离子含量（10^{-6}）及碳酸根含量（10^{-2}）随深度变化规律

Sr^{2+}：含量出现一个高值段，深度为 1.20 ~ 3.30m，平均含量为 255.26×10^{-6}。峰值（1036.26×10^{-6}）出现在 15.18m 处。

Br$^-$：含量变化范围 8.67×10^{-6} ~ 18.64×10^{-6}，平均值 12.43×10^{-6}，2.40 ~ 7.43m 平均含量为 15.53×10^{-6}，明显高于 0 ~ 0.24m 的 11.42×10^{-6} 和 7.43 ~ 16.10m 的 11.40×10^{-6}，说明在 2.40 ~ 7.43m 有较长的蒸发期。

B^{3+}：在 0 ~ 4.53m，平均含量为 113.29×10^{-6}，4.53 ~ 16.10m，平均含量为 332.18×10^{-6}，B^{3+} 主要依附于黏土矿物，表明 4.53m 以下含碎屑较多。

I$^-$：含量较低，且变化不大，多在 0.15×10^{-6} 左右。仅在 9.10m 和 12.40m 出现两个明显峰值，含量分别为 2.08×10^{-6} 和 0.71×10^{-6}。

CO$_3^{2-}$：碳酸根含量很低，变化范围在 0.03×10^{-2} ~ 0.60×10^{-2}。

2. ZCS$_2$T$_4$孔

Li$^+$：变化范围在 1.94×10^{-6} ~ 138.16×10^{-6}，平均值为 48.80×10^{-6}，由浅部到深部呈现缓慢增加的趋势（图 3-14）。

Sr^{2+}：含量出现一个高值段，深度为 0.70 ~ 4.82m，平均含量为 220.52×10^{-6}。另外在 13.8m 和 17.48m 出现两个高值，分别为 382.65×10^{-6} 和 349.64×10^{-6}。

Br$^-$：含量变化范围较小，在 7.01×10^{-6} ~ 17.62×10^{-6}，平均值在 12.40×10^{-6}。从图 3-14 可以看出含量有随深度逐渐变小的趋势。

B^{3+}：在 0 ~ 4.96m，平均含量为 138.04×10^{-6}，4.96 ~ 18.00m，平均含量为 356.74×10^{-6}，B^{3+} 主要依附于黏土矿物，即 4.96m 以下含碎屑黏土较多。

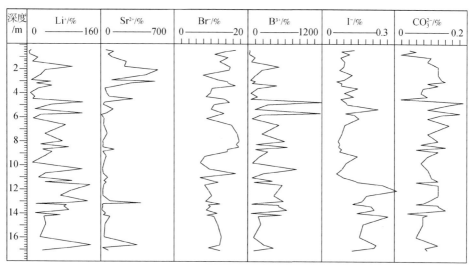

图 3-14　ZCS_2T_4 孔微量元素离子含量（10^{-6}）及碳酸根含量（10^{-2}）随深度变化规律

I^-：含量较低，含量变化范围为 $0.06 \times 10^{-6} \sim 0.31 \times 10^{-6}$，平均值为 0.14×10^{-6}。垂向上呈现随深度增加逐渐增大的趋势。

CO_3^{2-}：碳酸根含量很低，变化范围在 $0.018 \times 10^{-2} \sim 0.19 \times 10^{-2}$。

3. ZCS_2T_5 孔

Li^+：变化范围在 $6.54 \times 10^{-6} \sim 153.84 \times 10^{-6}$，平均值为 54.00×10^{-6}，由浅部到深部出现逐渐缓慢增加的趋势（图 3-15）。

Sr^{2+}：锶含量全孔平均值为 95.96×10^{-6}，高值段深度 $1.35 \sim 3.40m$，该段平均含量为 269.74×10^{-6}。此外，$5.85m$、$10.85m$ 和 $14.10m$ 出现三个含量高值，分别为 687.43×10^{-6}、274.61×10^{-6} 和 425.24×10^{-6}。

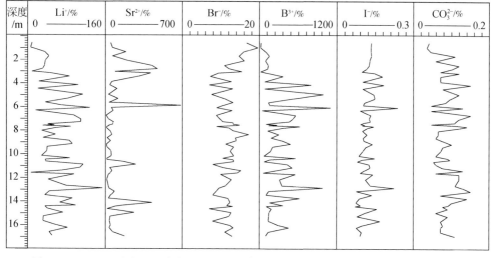

图 3-15　ZCS_2T_5 孔微量元素离子含量（10^{-6}）及碳酸根含量（10^{-2}）随深度变化规律

Br^-：含量变化范围较小，平均值 12.00×10^{-6}，$0 \sim 3.00m$ 平均含量为 15.04×10^{-6}，高于 $3.00 \sim 16.10m$ 的 11.57×10^{-6}，即浅部高于中深部。

B^{3+}：在 $0 \sim 2.10m$，平均含量为 86.41×10^{-6}，$2.10 \sim 17.00m$，平均含量为 310.34×10^{-6}，B^{3+} 主要依附于黏土矿物，表明 $2.10m$ 以下含碎屑较多。

I^-：含量较低，含量变化不大，变化范围在 $0.07 \times 10^{-6} \sim 0.24 \times 10^{-6}$，均值为 0.13×10^{-6}。

CO_3^{2-}：碳酸根含量很低，变化范围在 $0.036 \times 10^{-2} \sim 0.15 \times 10^{-2}$。

综合分析 3 个钻孔的微量元素特征和碳酸根含量分布可以看出，锂元素含量由浅到深呈逐步增加趋势，即随着盐湖沉积，锂离子含量逐渐降低；锶元素在 $1 \sim 4m$ 出现相对富集现象，并在深部出现两组峰值；溴元素整体上由浅到深有逐步降低的趋势；硼元素以 $4.96m$ 为界，上部含量高于下部，说明该地区深部碎屑物质较多；碘元素含量较低，总体变化不大，只在局部出现个别峰值；溴与硼元素有一定的负相关性，主要归因于溴分布于蒸发岩中，而硼主要储存于黏土矿物。试验区 CO_3^{2-} 含量较低，多小于 0.2×10^{-2}，局部层位含量较高，出现方解石或白云石沉积。

3.4.3　特征系数及相关性分析

1. 特征系数

（1）钾氯比值（$K \times 10^3 / Cl$）：由图 3-16 可见 3 个钻孔钾氯比值变化趋势基本相同，在 $1 \sim 4m$、$6 \sim 8m$ 和 $10 \sim 14m$ 出现峰值。各钻孔钾氯比值（$K \times 10^3 / Cl$）与钾含量具有较好的正相关关系，相关系数 0.951。因此各钻孔统计量柱状图（图 3-17、图 3-18）相对趋势也一致。

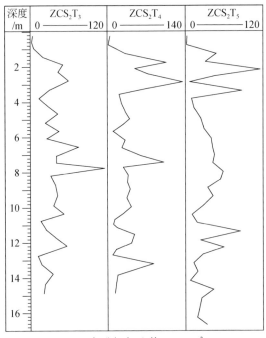

图 3-16　各孔钾氯比值（$K \times 10^3 / Cl$）

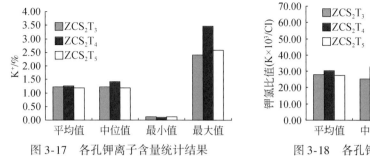

图 3-17　各孔钾离子含量统计结果

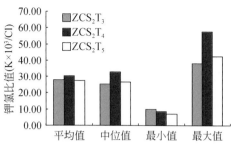

图 3-18　各孔钾氯比值统计结果

（2）钠氯比值（Na/Cl）：由相关性分析以及钠氯比值变化（图 3-19）可以看出，各钻孔 Na 和 Cl 含量呈正相关关系，相关系数 0.983。Na、Cl 含量在垂向上的分布以及统计量柱状图（图 3-20、图 3-21）中均值、中位值、最低值、最高值也有着一致的趋势。

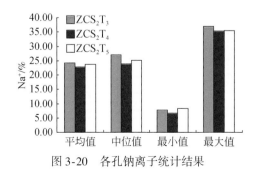

图 3-19　各孔钠氯比值

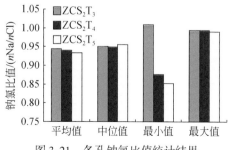

图 3-20　各孔钠离子统计结果　　　　　　图 3-21　各孔钠氯比值统计结果

（3）镁氯比值（Mg×10³/Cl）：位于东部的 ZCS₂T₅ 钻孔镁含量和镁氯比值的平均值、中位值略高于偏西部的两个钻孔（图 3-22～图 3-24）。由相关性分析结果知，镁和镁氯比值（Mg×10³/Cl）相关系数为 0.920。

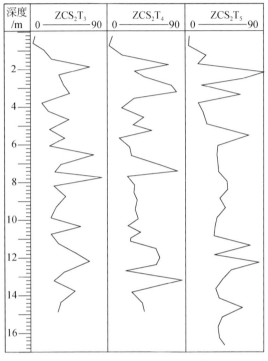

图 3-22　各孔镁氯比值（Mg×10³/Cl）

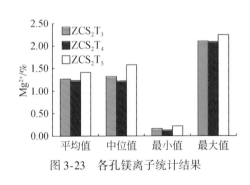

图 3-23　各孔镁离子统计结果

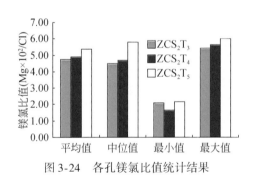

图 3-24　各孔镁氯比值统计结果

（4）钙硫酸根比值（Ca²⁺/SO₄²⁻）：各钻孔钙和硫酸根含量具有较好的正相关关系，钙硫酸根比值如图 3-25 所示，相关系数为 0.953，各钻孔 Ca²⁺ 和 SO₄²⁻ 垂向分布具有较好的一致性，二者统计量柱状图（图 3-26、图 3-27）中均值、最小值、最高值分布趋势较一致。

2. 相关性分析

综上统计结果分析以及由化学成分变化曲线可知，在 3 个钻孔中，K⁺、SO₄²⁻ 和 Mg²⁺

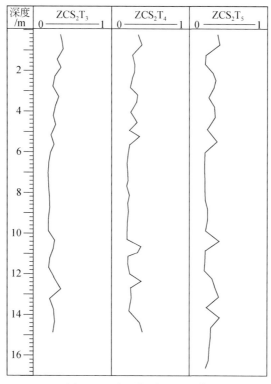

图 3-25　各孔钙硫酸根比值

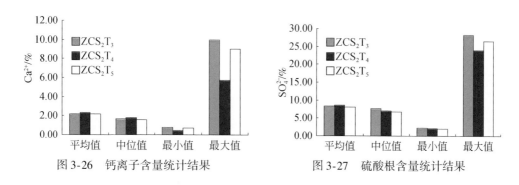

图 3-26　钙离子含量统计结果　　　　　　图 3-27　硫酸根含量统计结果

大致呈正相关,为杂卤石可溶性钾盐矿物的体现。Na^+ 与 Cl^- 呈正相关,为石盐沉积的依据。Ca^{2+} 与 SO_4^{2-} 呈正相关,为石膏、硬石膏等矿物形成的依据。Na^+ 和 Cl^- 与水不溶物呈负相关,验证了水不溶物是在盐度较低的条件下形成的。

将 ZCS_2T_3、ZCS_2T_4、ZCS_2T_5 三个钻孔岩心样品化学组分数据进行聚类分析(图 3-28)。Na^+ 和 Cl^- 首先聚为一类,然后和 Br^- 聚为一类;Li^+ 和 B^{3+} 先聚为一类,再和 CO_3^{2-} 聚为一类,揭示了火山温热泉活动对盐类聚集的贡献;K^+、Mg^{2+} 聚为一类,Ca^{2+} 和 SO_4^{2-} 聚为一小类后,再和 Sr^{2+} 聚为一类,然后分别由 K^+、Mg^{2+} 和 Ca^{2+}、SO_4^{2-}、Sr^{2+} 聚成的这两类聚为一大类,反映了研究区物质来源的复杂性,包含了深部物质和地表水的补给。

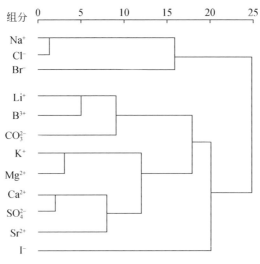

图 3-28　钻孔岩心样品化学组分聚类分析谱系图

3.5　盐类矿物流体包裹体特征

别勒滩盐湖最主要的沉积物为石盐，试验区的钾盐矿物主要为杂卤石，同时有一部分光卤石和极少量的钾石盐（赵元艺等，2010）。开展盐类矿物流体包裹体测温，为确定钾盐的形成条件提供了参考依据。

3.5.1　样品与测试方法

采集研究样品总计 31 件（表 3-8），将每个样品磨制成包裹体测温片，每个包裹体片获得 13 ~ 15 个均一温度值。流体包裹体薄片采用冷粘法制取，测试仪器为 LinkamTHMSG 600 型冷热台，仪器测定温度范围在 -196 ~ +600℃，冷冻数据和均一温度数据精度分别为 ±0.1℃和±0.5℃。样品一般冷冻至 -80℃后升温，升温速率为 0.3℃/min，在室温条件下测试。

表 3-8　样品分布及特征

序号	样号	孔深/m	岩性	序号	样号	孔深/m	岩性
1	S_2T_1-CL1	0.00 ~ 0.20	粉砂质石盐	7	S_2T_3-DL1	0.40 ~ 0.60	含粉砂石盐
2	S_2T_1-CL3	0.40 ~ 0.60	粉砂质石盐	8	S_2T_3-DL3	1.80 ~ 2.00	含粉砂石盐
3	S_2T_1-CL5	0.80 ~ 1.00	粉砂质石盐	9	S_2T_3-DL5	2.70 ~ 2.90	含粉砂中粒石盐
4	S_2T_1-CL7	1.20 ~ 1.40	粉砂质石盐	10	S_2T_3-DL7	3.80 ~ 4.00	含粉砂中粒石盐
5	S_2T_1-CL9	1.60 ~ 1.80	粉砂质石盐	11	S_2T_3-DL9	4.60 ~ 4.80	含粉砂中粒石盐
6	S_2T_1-CL17	3.40 ~ 3.60	粉砂质石盐	12	S_2T_3-DL11	5.80 ~ 6.00	含粉砂中粒石盐

序号	样号	孔深/m	岩性	序号	样号	孔深/m	岩性
13	S_2T_3-DL13	6.60~6.80	含粉砂中粒石盐	23	S_2T_4-BL9	1.70~1.90	中粗粒石盐
14	S_2T_3-DL15	7.90~8.10	含粉砂细粒石盐	24	S_2T_4-BL11	2.10~2.30	中粗粒石盐
15	S_2T_3-DL19	9.90~10.10	含粉砂细粒石盐	25	S_2T_5-CL1	0.00~0.20	中粗粒石盐
16	S_2T_3-DL21	10.80~11.00	含粉砂细粒石盐	26	S_2T_5-CL3	0.40~0.60	中粗粒石盐
17	S_2T_3-DL23	12.19~12.49	含粉砂细粒石盐	27	S_2T_5-CL5	0.80~1.00	粉砂石盐
18	S_2T_3-DL27	14.39~14.59	含粉砂中粗粒石盐	28	S_2T_5-CL7	1.20~1.40	粉砂质石盐
19	S_2T_3-DL31	16.39~16.63	含粉砂中粗粒石盐	29	S_2T_5-CL9	1.60~1.80	粉砂质石盐
20	S_2T_3-DL33	17.88~18.38	含粉砂中粗粒石盐	30	S_2T_5-CL11	2.10~2.30	粉砂质石盐
21	S_2T_4-BL3	0.40~0.60	中粗粒石盐	31	S_2T_5-CL13	2.50~2.70	粉砂质石盐
22	S_2T_4-BL5	0.80~1.00	中粗粒石盐				

3.5.2　流体包裹体与均一温度特征

1. 流体包裹体特征

镜下观察发现，石盐晶体中流体包裹体很发育，主要为液相流体包裹体（图 3-29a）、气液两相流体包裹体（图 3-29b）（气相分数为 ≤10%，大多数<5%）和少量含子矿物的多相流体包裹体（图 3-29c、d）。大多数流体包裹体晶形为立方体或长方体，大小从 2μm×2μm~87μm×47μm，流体包裹体一般平行排列，沿石盐晶面分布，显示出原生包裹体的特征。另外可见一些沿裂隙生长的次生流体包裹体（图 3-29e、f）。

2. 均一温度（T_h）特征

测试样品的 T_h 分布曲线见表 3-9，T_h 主要呈现出 3 个或 2 个温度区段，即低温区段（0~50℃）、中温区段（50~100℃）和高温区段（>100℃）。4 个钻孔样品的流体包裹体 T_h 低温区段变化范围为 19.5~49.3℃；中温区段 T_h 变化范围为 50.1~99.3℃；高温区段 T_h 变化范围为 100.3~195.6℃。现分述如下：

在钻孔 S_2T_1-C 中的 6 个测试样品中，5 个样品出现 3 个温度分布区段，1 个样品出现 2 个温度区段（表 3-9），低温区段样品 T_h 变化范围为 24.3~47.1℃，平均值范围 31.4~46.7℃；中温区段样品 T_h 变化范围为 51.9~99.3℃，平均值范围 67.4~84.9℃；高温区段样品 T_h 变化范围为 101.1~156.0℃，平均值范围 101.6~139.9℃。

在钻孔 S_2T_3-D 中的 14 个测试样品中，5 个样品出现 3 个温度分布区段，9 个样品出现 2 个温度区段（表 3-9）。低温区段样品 T_h 变化范围为 19.5~49.3℃，平均值范围 19.5~49.3℃；中温区段样品 T_h 变化范围为 50.9~99.3℃，平均值范围 58.1~93.4℃；高温区段样品 T_h 变化范围为 100.3~188.6℃，平均值范围 110.8~156.8℃。

在钻孔 S_2T_4-B 中的 4 个测试样品中，2 个出现 3 个温度分布区段，2 个出现 2 个温度区段（表 3-9），低温区段样品 T_h 变化范围为 21.6~47.2℃，平均值范围 22.9~47.2℃；

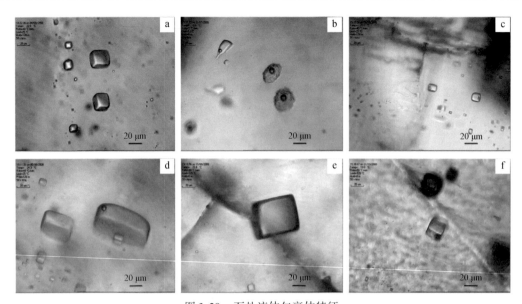

图 3-29　石盐流体包裹体特征

a. 石盐液相流体包裹体；b. 石盐气液两相流体包裹体；c、d. 含子矿物的多相流体包裹体；

e、f. 沿裂隙生长的次生流体包裹体

中温区段样品 T_h 变化范围为 53.4～98.6℃，平均值范围 75.4～87.6℃；高温区段样品 T_h 变化范围为 101.2～195.6℃，平均值范围 112.4～132.6℃。

　　在钻孔 S_2T_5-C 中的 7 个测试样品中，3 个出现 3 个温度分布区段，4 个样品出现 2 个温度区段（表 3-9），低温区段 T_h 变化范围 29.3～49.2℃，平均值范围 31.2～49.2℃；中温区段 T_h 变化范围为 50.1～98.2℃，平均值范围 64.0～90.9℃；高温区段样品 T_h 变化范围为 100.4～166.5℃，平均值范围 100.8～138.2℃。

表 3-9　各个钻孔样品中流体包裹体均一温度分布与区段划分

钻孔号	样品号	测定流体包裹体数	均一温度/℃					
			低温区段		中温区段		高温区段	
			范围	平均值	范围	平均值	范围	平均值
S_2T_1-C	S_2T_1-CL1	15	36.6～47.1	42.1	51.9～86.8	68.7	101.6	
	S_2T_1-CL3	16	24.3～38.6	31.4	53.2～81.6	67.4	108.3～156.0	139.9
	S_2T_1-CL5	21		39.7	58.6～97.3	77.4	101.5～131.2	116.6
	S_2T_1-CL7	25		46.7	60.2～96.8	82.4	113.6～116.4	115
	S_2T_1-CL9	24			59.8～98.7	84.8	112.5	
	S_2T_1-CL17	23		41.5	52.6～99.3	84.9	101.1～138.4	116.9
S_2T_3-D	S_2T_3-DL1	16			60.3～99.3	88.1	102.3～156.0	120.2
	S_2T_3-DL3	18		21.7	55.9～99.1	80.5	105.7～174.9	137.7
	S_2T_3-DL5	18			55.3～97.4	79.6	104.1～133.5	115.3
	S_2T_3-DL7	20	31.4～47.6	39.5	50.9～90.7	64.2	100.3～125.3	110.8

续表

钻孔号	样品号	测定流体包裹体数	均一温度/℃					
			低温区段		中温区段		高温区段	
			范围	平均值	范围	平均值	范围	平均值
S_2T_3-D	S_2T_3-DL9	15			62.1~98.4	83.4	100.5~124.6	111.1
	S_2T_3-DL11	13	45.3~45.7	45.5	55.4~76.5	61.5	107.6~137.4	125.8
	S_2T_3-DL13	12	28.7~48.1	40.3			140.6	
	S_2T_3-DL15	13		39.9	78.1~98.7	92.9	121.6~158.7	143.4
	S_2T_3-DL19	23		42.3			112~188.6	156.8
	S_2T_3-DL21	16			83.6~98.8	93.4	102.4~166.2	117.6
	S_2T_3-DL23	4		35.9	55.7~62.4	58.1		
	S_2T_3-DL27	15		49.3	54.5~90.6	70.6		
	S_2T_3-DL31	18			74.6~97.4	86.0	110.4~147.8	122.3
	S_2T_3-DL33	21		19.5	68.1~98.1	86.9	100.3~151.4	114.2
S_2T_4-B	S_2T_4-BL3	20		47.2	70.9~98.6	87.6	104.4~139.4	119.4
	S_2T_4-BL5	23	21.6~24.2	22.9	53.4~97.0	75.4	103.1~131.5	114.3
	S_2T_4-BL9	21		43.7			113.2~195.6	132.6
	S_2T_4-BL11	20			58.8~98.2	83.2	101.2~136.2	112.4
S_2T_5-C	S_2T_5-CL1	13		49.2	50.1~80.9	64.0		
	S_2T_5-CL3	7		38.6	57.3~96.6	77.9	101.3	
	S_2T_5-CL5	15		31.2			103.8~133.6	117.0
	S_2T_5-CL7	19	32.1~48.7	38.3			112.3~159.7	131.8
	S_2T_5-CL9	6	29.3~36.4	32.9	90.2~91.5	90.9	100.4~101.2	100.8
	S_2T_5-CL11	10		42.7	75.2		114.3~140.1	124.5
	S_2T_5-CL13	10			64.1~87.8	74.4	116.3~166.5	138.2

3.5.3　成矿环境

表 3-9 中 31 件测试样品中，15 件样品出现 3 个温度分布区段，16 件样品出现 2 个温度区段。每个区段反映或对应着一次加热事件或地质作用事件。

1. 低-中温阶段地质意义

袁见齐等（1991）研究了石盐流体包裹体的均一温度，指出某些类型的流体包裹体均一温度代表了沉积时期石盐的结晶温度。Roberts 和 Spencer（1995）研究了美国死谷（Death Valley）的石盐流体包裹体，认为其均一温度可以较好地代表石盐结晶时期的古水温（刘成林等，2006）。别勒滩区段石盐流体包裹体均一温度呈现出 3 个或 2 个温度区段，即低温、中温和高温区段。低温区段样品均一温度变化范围为 19.5~49.3℃，为大多数石盐结晶析出的卤水温度。中温区段样品均一温度变化范围为 50.1 ~ 99.3℃，平均值为 58.1 ~ 93.4℃，为盐湖底部卤水所达到的最高温度。

2. 高温阶段流体包裹体的太阳池成因

赵元艺等（2010）认为由太阳池下部对流层中沉积的盐类矿物组合或相关参数计算的古温度只能说明其形成当时的卤水温度，该水温与气温之间没有必然的联系，水温不能代表当时的气温。在同一样品中，高温-高盐度流体包裹体与中低温-中低盐度流体包裹体同时出现，是石盐结晶经历了太阳池下部对流层环境与中部非对流层环境所致。

太阳池是储存太阳能的盐水池的简称。深度一般为 1 ~ 3m，它不同于一般的淡水池和浓度均匀的盐水池，而是表层盐水浓度很低，越往下浓度越高。其由上向下，一般分为 3 个区域：

（1）表面对流层，主要起到阻止风的扰动和保温作用。

（2）中部非对流层，其盐水浓度上低、下高，呈梯度变化，是太阳辐射进入下层的窗口，同时抑制了下层热向上对流，因而起到隔热和保温作用。

（3）底部对流层，是太阳池的关键部分，它的盐水浓度较高，接近饱和，并基本均匀，当温度不均匀时，可以通过对流和热传导而达到均匀状态，因而其作用是集热和蓄热。

在这 3 个区域中，以底部对流层的盐水浓度和温度为最高。对不同规模和地区的太阳池而言，底部对流层的温度不同，由于有上部的水体压力以及下部过饱和盐水溶液，沸点超过 100℃ 是容易出现的。

3. 别勒滩地区太阳池事件的确定

将地质历史中形成天然太阳池的作用称作"太阳池事件"，太阳池事件的识别标志理论上应该是从浅部到深部，温度和盐度具有相同的逐渐升高的变化趋势（赵元艺等，2010）。由于太阳池中部非对流层的盐度和温度相对底部对流层较低，由这两部分沉积的盐类矿物往往混合在一起，因此，如果出现高温-高盐度与中低温-中低盐度的盐类矿物流体包裹体混杂在一起，就可以作为判断太阳池存在的标志。

通过对 S_2T_3-D 钻孔样品中的流体包裹体均一温度进行统计，从地表到深部间隔性地出现 3 段均一温度大于 100℃ 的流体包裹体集中区间，其分布深度分别为 0 ~ 2.0m、7.9 ~ 11.0m 和 16.39 ~ 18.38m。在这 3 个区段中，含高温-高盐度流体包裹体的石盐与中低温-中低盐度流体包裹体的石盐混杂在一起，初步判断其中可能出现过太阳池事件。

为了正确地判断太阳池的存在，将均一温度大于 100℃ 的流体包裹体数占所有流体包裹体总数的百分比超过 50% 作为判别标志。S_2T_1-C 钻孔，在 0.40 ~ 0.60m 与 0.80 ~ 1.00m 两段集中出现均一温度高于 100℃ 的流体包裹体；S_2T_3-D 钻孔，在 0.40 ~ 0.60m、1.80 ~ 2.00m、7.90 ~ 8.10m、9.90 ~ 10.10m、10.80 ~ 11.00m 和 16.39 ~ 16.63m 六段集中出现均一温度高于 100℃ 的流体包裹体；S_2T_4-B 钻孔在 0.40 ~ 0.80m、0.80 ~ 1.00m、1.70 ~ 1.90m 和 2.10 ~ 2.30m 四段集中出现均一温度高于 100℃ 的流体包裹体；S_2T_5-C 钻孔在 0.80 ~ 1.00m、2.10 ~ 2.30m、2.50 ~ 2.70m 三段集中出现均一温度高于 100℃ 的流体包裹体。对这 4 个钻孔中流体包裹体均一温度高于 100℃ 的样品出现的位置进行综合，可以得出别勒滩区段在 18m 以浅部位可能出现 6 个太阳池事件，它们的位置（编号）分别为 0. 40 ~ 1. 00m（S6）、1. 70 ~ 2. 90m（S5）、7. 90 ~ 8. 10m（S4）、9. 90 ~ 10. 10m（S3）、10. 80 ~ 11. 00m（S2）和 16. 39 ~ 16. 63m（S1）。

　　由于目前对别勒滩区段所经历的前 5 个太阳池事件（即 S1 ~ S5）只有流体包裹体均一温度平均值高于 100℃ 这一个证据，随着其他证据的积累，将会得出更详细的太阳池沉积事件划分方案。对于 S6，推测为新近时期所形成。1989 年格尔木河发生特大洪水，洪水于 6 月 20 日出现，洪峰水流量达 410m^3/s，7 月 12 日发展至历史最大洪水，洪峰水流量达 680m^3/s。1989 年 12 月卫星照片资料显示，涩聂湖扩大了 103. 04km^2（于升松，2000），说明此次洪水可以导致别勒滩石盐溶解和再结晶沉积，在这个过程中形成太阳池是完全有可能的。因此可以推测 S6 太阳池事件很可能是这次大洪水所造成的，反过来说，这种大的洪水事件在石盐流体包裹体中已有体现。

第4章 别勒滩钾矿区三维模型

应用 3DMine 矿业工程软件建立矿区地质数据库，综合以往地质勘查报告资料和新增数据，进行三维地质建模，直观展示钾盐资源空间分布特征及准确评价固体钾盐资源量，能较为准确地掌握资源赋存状态并实现动态管理。青海别勒滩盐湖钾盐矿床三维模型建立主要分三个阶段完成：一是数据库建设，对现场收集的钻孔资料、勘探线剖面资料、地质储量报告等资料进行分析、核实、录入，其中，大量扫描图片的数字化工作量巨大；二是模型建立，根据勘探线纵、横剖面，进行地层划分对比，确定固体钾盐顶底板深度、品位等参数，通过 3DMine 软件形成可视化的三维地层、矿体模型；三是总结完善，补充更新钻孔数据库，完善别勒滩区段钾盐矿床地质三维模型。

4.1 软件简介

本次工作选用的 3DMine 矿业工程软件由北京三地曼矿业软件科技有限公司研发，其主要功能模块包括：三维可视化核心、地质模块、测量模块、露天采矿设计模块、地下采矿设计模块、中深孔爆破以及二次 VBA 开发模块。本次主要用的模块有三维可视化核心、测量模块和地质模块。

三维可视化核心：三维可视化核心模块是一个界面友好、功能强大的三维显示和编辑的集成化平台，使用习惯类似于 AutoCAD、Word 和 Excel。支持多种类型空间数据叠加和完全真彩渲染，支持各个视角进行静态或者动态剖切，三维线段内部填充，全景和缩放显示等操作。

测量模块：3DMine 可导入航拍、扫描仪、全站仪、GPS 等设备或南方 CASS 格式的测量数据，自动生成地形、采场现状等表面建模。通过等值线技术、颜色渲染技术可以针对表面模型的属性，如标高、厚度、电位等指标，生成等高线、等厚线、等电势面以及其他物化探和遥感成果的图件。

地质模块：应用当今最先进的三角网建模技术，运用控制线和分区线联合方法，对任意形态的物体都可以通过一系列的点线或者剖面创建地质模型，比如矿体模型、夹石模型、区域地层模型、构造断层和破碎带模型以及其他任意实体模型。按照国际矿业领域通用的块体模型概念，运用地质统计学估值方法，完成品位模型的创建。通过数据库和模型的一系列叠加显示，可对矿体的空间展布、品位特征、储量计算、动态储量报告等进行综合分析，服务于勘探和生产。

3DMine 具有采用先进的三维引擎技术、全中文操作的特点，符合中国矿业行业规范和技术要求，是一套重点服务于矿山地质、测量、采矿与技术管理工作的三维软件系统。3DMine 软件可以进行地质勘探数据管理、矿床地质模型、构造模型、地质储量计算、露天及地下矿山采矿设计、生产进度计划、露天境界优化及生产设施数据的三维可视化管理。

4.2 数据库建设

矿区地质数据是矿山资源评估和采矿设计的基础,是矿区生产管理的重点。矿区地质数据主要是通过探矿工程进行地质样品采集后利用实验室技术对样品进行化验分析而得到的。

本次根据别勒滩盐湖区的勘探资料建立空间数据库,命名为"别勒滩钻孔数据库2012.mdb"。地质数据库将不同的地质信息,如钻孔数据、岩性信息、采样信息、化验信息等,按照一定的方式进行有效收录,完整表述钻孔工程包含的各类信息。别勒滩钻孔数据库的建立不仅可以利用数据库对勘探信息进行一系列的管理操作,如查看、更新、修改等,还实现了勘探数据的三维可视化,为进行矿床实体三维建模和资源储量估算奠定基础。

4.2.1 方法及流程

为了便于系统使用,以及使用者进行后续的数据更新、处理等,对收集到的各类数据进行详细而深入的分析,并按矿业权、块段、钻孔、储量等流程进行逐级逐个整理;数据内容主要从 AutoCAD、MapGIS、Excel 等相关文件或图件中读取(固体钻孔、液体钻孔、固体块段、液体块段等);并且将数据内容以 Excel 表格形式进行保存;Excel 表格数据内容与后续建立的数据库表一一对应(图 4-1)。

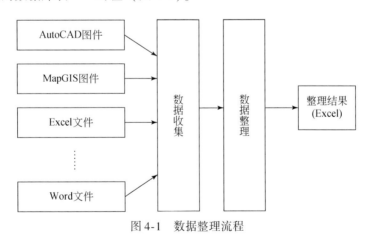

图 4-1 数据整理流程

别勒滩区段勘探数据资料收集、整理的准确性及完整性关系到三维模型是否符合实际情况,也影响到资源储量估算、采矿设计、指标优化等各方面应用的准确性,因此原始勘探资料的收集与整理是数字化矿山建设的最基本任务。

探矿工程一般包括下列方式:一是钻探,通过钻孔来获取基本岩性信息和取样分析数据;二是槽探,编录及刻槽取样分析数据。其中,钻探是最常用的方法,本次研究就以钻孔数据作为基础数据源进行矿床实体三维建模、矿块建模以及资源储量估算。三维建模所需的钻孔信息具体包括四个方面：

（1）钻孔的空间位置信息，即钻孔的测量数据——钻孔在三维空间的起点坐标（*X*，*Y*，*Z*）以及钻孔的最大深度（终孔深度）。

（2）钻孔在空间的位置变化信息，即钻孔在空间的倾斜方向和倾角，空间位置信息的资料描述了钻孔在空间的形态。

（3）钻孔的化验信息，即对钻孔取样的化验信息，记录了样品中各元素的含量、物性参数、矿体品位等。

（4）钻孔的岩性信息，即钻探工程的相关地质描述——采样位置、岩性描述、矿物含量等，这些信息可以反映出不同深度取样分析的变化情况及不同深度岩性变化情况。

4.2.2　结构与管理

数据库是一种管理数据的工具，便于对数据进行检索、管理。3DMine 矿业工程软件是使用第三方的数据库软件 Microsoft Access 数据库，将经过分类整理存放在 Microsoft Excel 或文本文件中的基础地质数据导入 Access 数据库中，创建数据库。

别勒滩区段原始地质数据存放在定位表、测斜表、化验表_固样、化验表_液样、岩性表、黏土层、孔隙度表_固样 7 张 Excel 表格中。定位表记录钻孔的空间位置信息（图 4-2），测斜表记录钻孔形态信息描述（图 4-3），化验表_固样记录钻孔固样化验信息（图 4-4），化验表_液样记录钻孔液样化验信息（图 4-5），岩性表记录钻孔岩性信息（图 4-6），黏土层记录含黏土地层的信息和代号（图 4-7），孔隙度表_固样记录钻孔的样品孔隙度（图 4-8）。

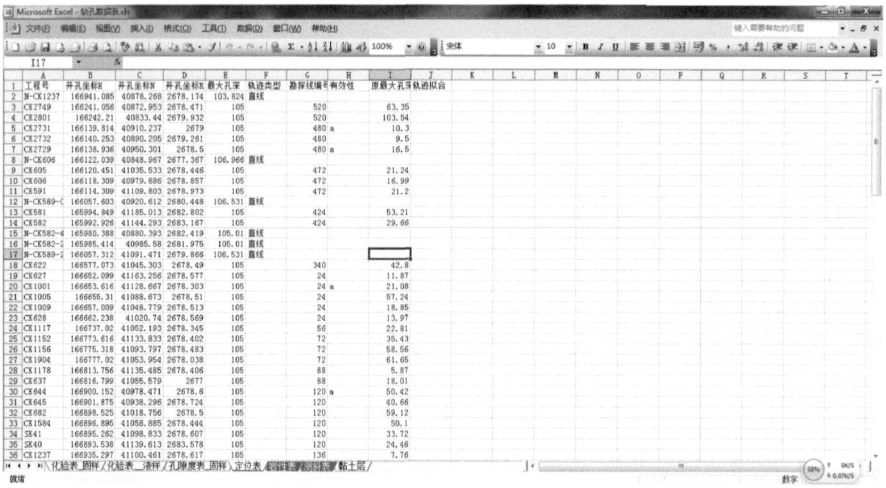

	工程号	开孔坐标E	开孔坐标N	开孔坐标R	最大孔深	轨迹类型	勘探线编号	有效性	原最大孔深	轨迹拟合
2	N-CK1237	166941.085	40878.268	2678.174	103.824	直线				
3	CK2749	166241.056	40872.953	2678.471	105		520		63.35	
4	CK2801	166242.21	40833.44	2679.932	105		520		103.54	
5	CK2731	166139.814	40910.237	2679	105		480	a	10.3	
6	CK2732	166140.253	40890.205	2679.261	105		480		9.5	
7	CK2729	166138.936	40950.301	2678.5	105		480	a	16.5	
8	N-CK606	166122.039	40848.967	2677.367	106.966	直线				
9	CK605	166120.451	41035.533	2678.446	105		472		21.24	
10	CK606	166118.309	40979.886	2678.857	105		472		16.99	
11	CK591	166114.309	41109.803	2678.973	105		472		21.2	
12	N-CK589-(	166057.603	40920.612	2680.448	106.531	直线				
13	CK581	165994.849	41185.013	2682.802	105		424		53.21	
14	CK582	165992.926	41144.293	2683.167	105		424		29.66	
15	N-CK582-4	165980.388	40880.393	2682.419	105.01	直线				
16	N-CK582-2	165985.414	40985.58	2681.975	105.01	直线				
17	N-CK589-2	166057.312	41091.471	2679.866	106.531	直线				
18	CK622	166577.073	41045.303	2678.49	105		340		42.8	
19	CK627	166652.099	41163.256	2678.577	105		24		11.87	
20	CK1001	166653.616	41128.667	2678.303	105		24	a	21.08	
21	CK1005	166655.31	41088.673	2678.51	105		24		57.24	
22	CK1009	166657.009	41048.779	2678.513	105		24		18.85	
23	CK628	166662.238	41020.74	2678.569	105		24		13.97	
24	CK1117	166737.02	41052.193	2678.345	105		56		22.81	
25	CK1152	166773.616	41133.833	2678.402	105		72		35.43	
26	CK1156	166775.318	41093.797	2678.483	105		72		58.56	
27	CK1904	166777.02	41053.954	2678.038	105		72		61.65	
28	CK1178	166813.756	41135.485	2678.406	105		88		5.87	
29	CK637	166816.799	41055.579	2677	105		88		18.01	
30	CK644	166900.152	40978.471	2678.6	105		120	a	50.42	
31	CK645	166901.875	40938.296	2678.724	105		120		40.66	
32	CK682	166898.525	41018.756	2678.5	105		120		59.12	
33	CK1584	166896.895	41058.885	2678.444	105		120		50.1	
34	SK41	166895.262	41098.833	2678.607	105		120		33.72	
35	SK40	166893.538	41139.613	2683.578	105		120		24.46	
36	CK1237	166935.297	41100.461	2678.617	105		136		7.76	

图 4-2　定位表记录的信息

工程号	深度	方位角	倾角
N-CK2463-	0	0	-90
N-CK589	0	0	-90
N-CK1117	0	0	-90
N-CK1237	0	358.489	-89.775
N-CK606	0	358.403	-89.728
N-CK589-(	0	0	-89.961
N-CK582-4	0	0	-90
N-CK582-2	0	0	-90
N-CK589-2	0	0	-89.961

图 4-3　测斜表记录的信息

工程号	从	至	样品编号	kcl	Mgcl2	体重	开孔日期
CK581	24.2	25.2	4A1170	0.12	0.53	1.52	1966/10/6
CK581	25.2	26.61	4A1171	0.1	0.32	1.52	1966/10/6
CK581	28.27	29.27	4A1172	4.08	8.6	1.52	1966/10/6
CK581	29.27	30.27	4A1173	0.12	0.77	1.52	1966/10/6
CK581	30.27	31.44	4A1174	0.12	0.75	1.52	1966/10/6
CK581	35.25	36.25	4A1175	0.15	0.55	1.52	1966/10/6
CK581	36.25	37.25	4A1176	0.11	0.41	1.52	1966/10/6
CK581	37.25	38.03	4A1177	0.1	0.46	1.52	1966/10/6
CK581	38.03	39.03	4A1178	0.08	0.38	1.52	1966/10/6
CK581	39.03	40.06	4A1179	0.08	0.67	1.52	1966/10/6
CK581	40.5	41.3	4A1180	0.12	0.6	1.52	1966/10/6
CK581	43.36	44.36	4A1181	0.11	0.52	1.52	1966/10/6
CK581	44.36	45.36	4A1182	0.1	0.38	1.52	1966/10/6
CK581	45.36	46.36	4A1183	0.09	0.58	1.52	1966/10/6
CK581	46.36	47.36	4A1184	0.14	0.53	1.52	1966/10/6
CK581	47.36	48.36	4A1185	0.1	0.54	1.52	1966/10/6
CK581	48.36	49.19	4A1186	0.1	0.34	1.52	1966/10/6
CK581	50.5	51.32	4A1187	0.12	0.49	1.52	1966/10/6
CK582	23.37	23.87	4A1346	0.14	0.23	1.52	1966/10/9
CK582	26.28	26.74	4A1347	0.11	0.37	1.52	1966/10/10
CK589	6.98	7.98	4A1541	0.33	2.77	1.52	1966/10/9
CK589	7.98	8.98	4A1534	0.23	2.38	1.52	1967/5/29
CK589	8.98	9.96	4A1535	0.24	2.13	1.52	1967/5/29
CK589	9.96	11.1	4A1536	0.32	3.28	1.52	1967/5/29
CK589	11.1	12.24	4A1537	1.17	4.4	1.52	1967/5/29
CK589	12.24	13.36	4A1538	0.89	4.18	1.52	1967/5/29
CK589	13.36	14.3	4A1539	0.31	3.34	1.52	1967/5/29
CK589	14.3	15.48	4A1540	0.39	3.73	1.52	1967/5/29
CK590	7.59	8.59	4A1721	0.36	1.97	1.52	1967/5/29
CK590	8.59	9.59	4A1722	0.3	1.81	1.52	1967/5/31
CK590	9.59	10.59	4A1723	0.26	1.97	1.52	1967/5/31
CK590	10.59	11.59	4A1724	0.41	2.46	1.52	1967/5/31
CK590	11.59	12.59	4A1725	0.29	2.21	1.52	1967/5/31
CK590	12.59	13.35	4A1726	0.3	2.05	1.52	1967/5/31
CK590	13.35	14.35	4A1727	0.46	2.55	1.52	1967/5/31

图 4-4　化验表_固样记录的信息

工程号	从	至	KCl (%)	MgCl2 (%)	水位埋深	底板埋深	密度（g/c	孔隙度（%	开孔日期
CK581	0	38.7	0.318333	2.055	7.49	19.78	1.225		1966/10/6
CK581	38.7	51.32	0.3425	2.133333			1.225		1966/10/6
CK582	0	17.05	0.341362	1.936877		18.3	1.225	32.95	1966/10/9
CK589	0	10.15	1.534733	16.59855	2.39	15.48	1.225	17.98	1967/5/29
CK589	10.15	15.87	1.752627	21.95796			1.225	17.98	1967/5/29
CK590	0	12.47	1.334148	11.97066	1.85	19.23	1.225	21.36	1967/5/31
CK590	12.47	19.23	1.497989	12.05953			1.225	21.36	1967/5/31
CK591	0	11.16	0.940115	7.589007	1.75	20.95	1.225	19.88	1967/8/16
CK591	11.16	15.31	1.428115	13.12859			1.225	19.88	1967/8/16
CK591	15.31	20.93	1.986345	19.15261			1.225	27.53	1967/8/16
CK605	0	10.95	0.50995	3.793532	0.77	19	1.225	20.04	1967/8/31
CK605	10.95	20.06	1.419225	20.65428			1.225	20.04	1967/8/31
CK606	0	0.81	0.408717	2.024671	0.42	13.92	1.225	22.16	1967/8/14
CK606	0.81	9.9	0.470734	2.536686			1.225	22.16	1967/8/14
CK606	9.9	16.99	0.604785	6.25165			1.225	22.16	1967/8/14
CK2729	0	2.2	0.670752	3.527778	0.15	13.8	1.225		1960/5/10
CK2731	0	0.9	0.562092	3.337418	0.48	4	1.225		1960/5/18
CK2463	0	15.2	2.303105	26.46078	0.49	15.2	1.225		1960/6/25
CK2465	0	0.85	2.005719	14.01797	0.45	23.2	1.225		1960/5/30
CK2465	0.85	23.2	1.963235	13.57516			1.225		1960/5/30
CK2467	0	3.05	1.435458	20.55719	0.15	18.55	1.225		1960/6/26
CK2467	3.05	16.55	1.068627	22.40931			1.225		1960/6/26
CK2471	0	1.3	1.404412	8.35866	0.27	19.85	1.225		1960/5/25
CK2471	1.3	16.6	1.841503	25.62092			1.225		1960/5/25
CK2472	0	1	2.19281	12.73448	0.32	21.95	1.225		1960/4/24
CK2472	1	68.08	2.303105	12.64461			1.225		1960/4/24
CK2474	0	1.05	1.615196	5.620098	0.43	14.85	1.225		1960/4/16
CK2739	0	3.1	0.689542	3.218954	0.58	15.25	1.225		1960/5/30
CK2739	3.1	9.7	0.421569	1.998366			1.225		1960/5/30
CK2740	0	1.5	0.402778	1.878268	0.81	8.55	1.225		1960/6/7
CK2740	1.5	6	0.402778	1.966503			1.225		1960/6/7
CK2554	0	0.5	3.074346	24.25082	0.4	19.9	1.225		1960/6/7
CK2801	0	3.05			0.4	3.12	1.225		1960/6/7
CK2750	0	5.87	1.257831	25.33012		4.96	1.225	28.83	1967/4/25
CK2572	0	2.5	1.724673	27.47304	0.52	12.3	1.225		1960/3/28

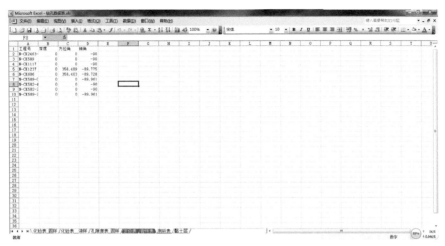

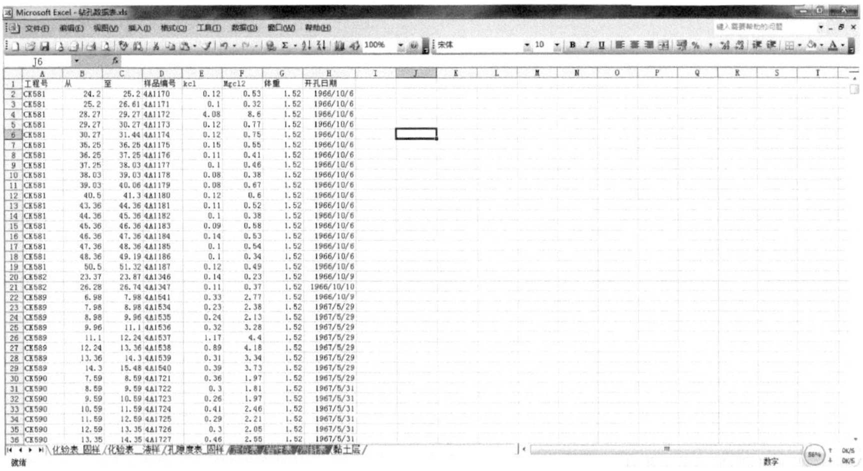

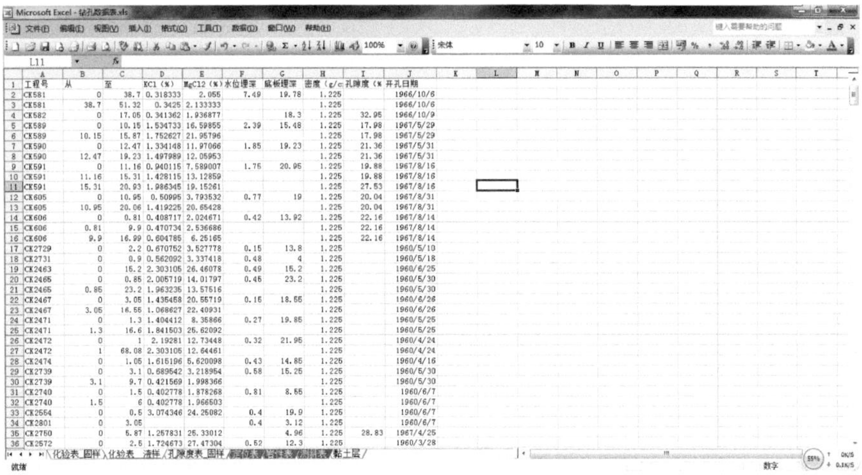

图 4-5　化验表_液样记录的信息

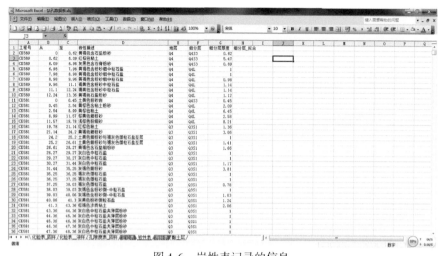

图 4-6　岩性表记录的信息

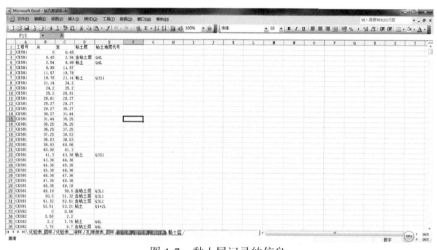

图 4-7　黏土层记录的信息

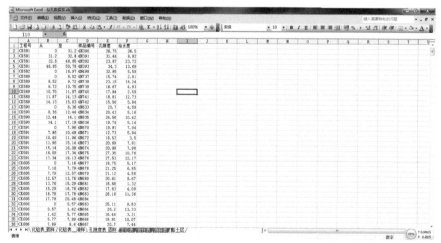

图 4-8　孔隙度表_固样记录的信息

将数据模型——映射到数据库中（采用 Access 作为数据库），形成数据库实体表，并使用目标系统相应的导入、修改等功能将整理好的 Excel 格式的数据导入系统数据库中。

如图 4-9 所示，原始资料经过浏览、编辑阶段后，要进行完整性处理、归一化处理、数据字典处理、空间属性关联等，最后将数据统一保存到建立好的数据库内。

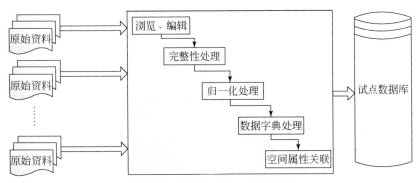

图 4-9　数据整理及入库示意图

利用 3DMine 矿业工程软件创建钻孔数据库，通过数据库管理器添加与原始数据对应的定位表、测斜表、化验表_固样、化验表_液样、岩性表、黏土层、孔隙度表_固样，数据库各表格字段属性如图 4-10 ～图 4-16 所示。

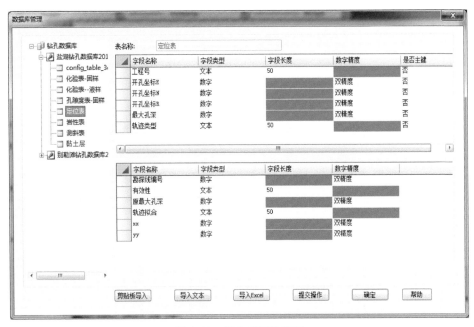

图 4-10　定位表属性字段

图 4-11　钻孔测斜表属性字段

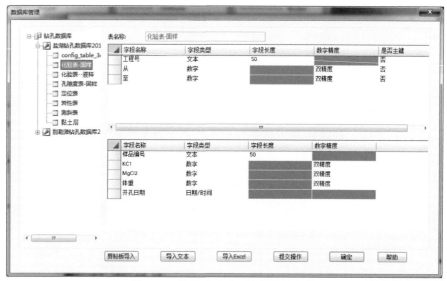

图 4-12　钻孔化验表_固样属性字段

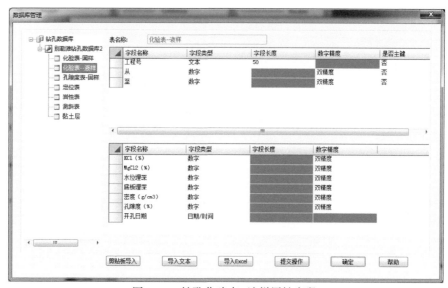

图 4-13　钻孔化验表_液样属性字段

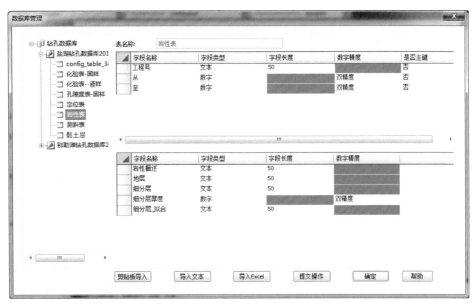

图 4-14　钻孔岩性表属性字段

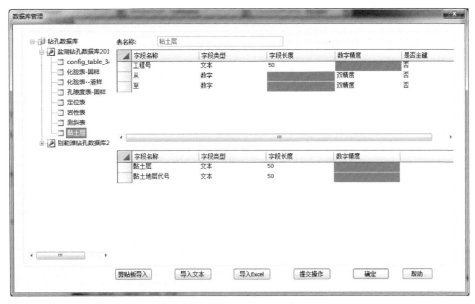

图 4-15　黏土层表属性字段

　　通过数据导入功能将 Excel 中的原始数据与数据库表中的数据表一一对应，分别完成定位表、测斜表、化验表_固样、岩性表、化验表_液样、黏土层、孔隙度表_固样数据信息的导入（图 4-17），最终完成地质数据库的创建。

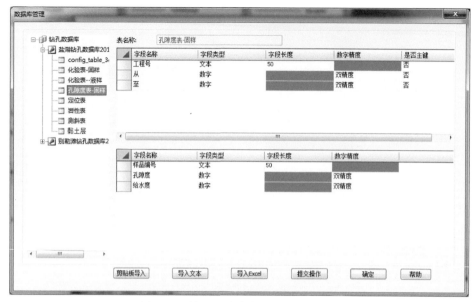

图 4-16　钻孔孔隙度表_固样属性字段

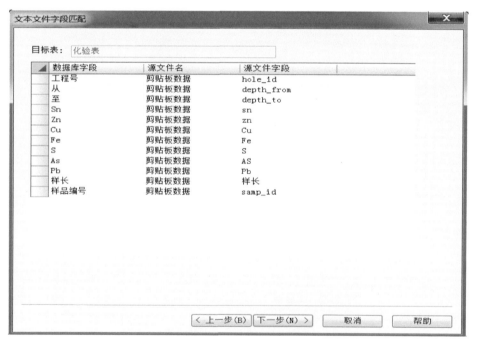

图 4-17　地质数据库与 Excel 源数据字段匹配

4.2.3　钻孔分布可视化

利用 3DMine 软件的三维可视化功能，后期可利用数据库编辑、查询、导入等强大的数据后处理功能进行数据库的更新、修改、查询等操作，通过钻孔显示功能可以用不同的显示风格来查看钻孔的空间立体分布状况（图 4-18）。

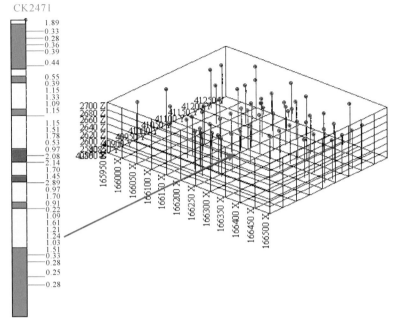

图 4-18   钻孔分布图

4.3   地 层 模 型

4.3.1   地层概化

研究区为固、液相并存的钾镁盐矿。固体矿有钾盐和石盐矿，液相矿（晶间卤水矿）以钾为主，伴生有镁、钠、锂等九种有益矿。盐湖建造的矿物组成：石盐、杂卤石、光卤石、石膏等；碎屑岩以黏土、粉细砂为主。盐类矿物沉积序列为方解石-石膏-石盐。

柴达木盆地察尔汗盐湖的成盐建造可分为：①浅部沉积层（Q_2-Q_4）；②中部构造层（R-Q_1）；③深部构造层（K 以前）。其成盐作用可分为：泛湖阶段（Q_1），盐渍阶段（Q_2），盐沼阶段（Q_3），干盐湖阶段（Q_4）。根据岩性特征及沉积旋回，别勒滩区段第四系划分为四个含盐组（Q_3S_1、Q_3S_{21}、Q_3S_{22}、Q_4S_3）和五个湖积层。盐湖在成盐演化过程中经历了四次温暖潮湿的非成盐期（碎屑岩层）和五次干旱炎热的成盐期（相盐层）。

根据收集到的钻孔数据和地质资料进行综合分析，将别勒滩区段的地层划分为 9 层。

（1）中下更新统（Q_{1+2}）：以绿灰、红棕色砂质黏土层为主。

（2）下部湖积层（Q_3L_1）：以黄灰、深灰和绿灰色含石膏、石盐的细砂、粉砂为主。

（3）下部石盐层（Q_3S_1）：以深灰、褐灰色含石膏、泥砂的石盐为主，中部石盐较纯，边部石膏、泥砂增多。

（4）湖积层（Q_3L_{21}）：以黄褐色含石盐粉细砂为主，局部含石膏。

（5）含盐组（Q_3S_{21}）：以黄褐色和浅黄色相间的含泥砂、石膏的石盐层为主，夹有薄层粉砂。

（6）湖积层（Q_3L_{22}）：以含石膏、石盐的粉砂为主，局部夹石膏、石盐呈小透镜体。

（7）含盐组（Q_3S_{22}）：岩性与Q_3S_{21}相同，石盐多以薄层状或条带状产出。

（8）上部湖积层（Q_4L_3），以浅黄色、灰黑色含石盐、石膏的粉砂、细砂为主，北部较粗，向南变细，并局部夹石盐、石膏透镜体。

（9）上部石盐层（Q_4S_3）：以黄色、灰黄、黄褐色含泥砂、石膏的石盐层为主，夹有薄层粉砂，松散胶结。

4.3.2　地层建模

根据钻孔柱状图和勘探线地质剖面解译了每个钻孔的地层层位信息，并录入钻孔三维地质数据库中。根据3DMine软件建立地层模型的步骤如下：

（1）【钻孔】-【数据提取】-【地层提取顶底板点】，提取各个地层的顶板点和底板点数据。

（2）对提取的顶、底板点进行网格估值，形成顶、底板面。

（3）通过【表面】-【体积计算】-【三角网法】，同一地层的顶、底板面形成封闭的三维地层实体。通过3DMine软件中的地层建模功能自动完成9个地层层位的建立（图4-19）。

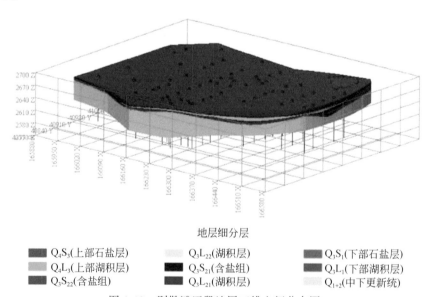

地层细分层

■ Q_4S_3(上部石盐层)　　　□ Q_3L_{22}(湖积层)　　　■ Q_3S_1(下部石盐层)
□ Q_4L_3(上部湖积层)　　　■ Q_3S_{21}(含盐组)　　　■ Q_3L_1(下部湖积层)
■ Q_3S_{22}(含盐组)　　　　■ Q_3L_{21}(湖积层)　　　□ Q_{1+2}(中下更新统)

图4-19　别勒滩区段地层三维空间分布图

在此需要说明的是，因为创建的是整个别勒滩区段的模型，地层模型外边界的拐点坐标仅仅是根据钻孔的分布人为圈定的。

（1）Q_{1+2}：以绿灰、红棕色砂质黏土层为主。

（2）Q_3L_1：本地层平均厚度 2.14m，最大厚度 20.7m。本层在别勒滩西南部地区缺失（图 4-20）。

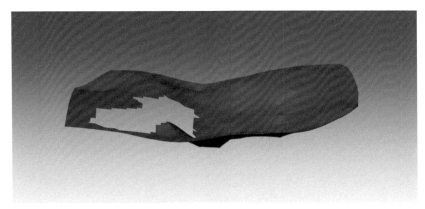

图 4-20　Q_3L_1 地层三维显示

（3）Q_3S_1：石盐层呈薄层状、条带状。盐层最厚可达 26.32m，均值厚度为 4.93m。该组地层在北部和中部有部分缺失（图 4-21）。

图 4-21　Q_3S_1 地层分布的三维形态

（4）Q_3L_{21}：地层厚度变化大，西部边缘存在缺失，且下部边缘凹陷处厚度最大，达到 27.03m。该地层均值厚度为 2.72m。地层的形态产状与相邻地层变化不大（图 4-22）。

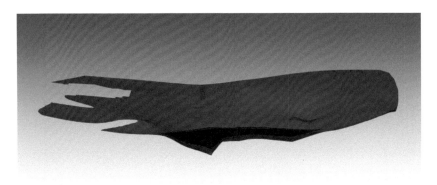

图 4-22　Q_3L_{21} 地层的三维形态

（5）Q_3S_{21}：本地层均值厚度为 2.49m，地层最大厚度是 13.57m，地层分布相对比较连续，仅西南部地区地层有小块缺失（图 4-23）。

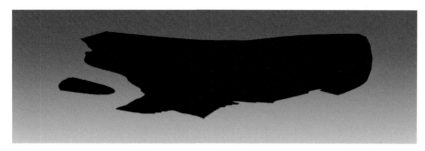

图 4-23　Q_3S_{21} 地层三维特征

（6）Q_3L_{22}：以含石膏、石盐的粉砂为主，局部夹石膏、石盐透镜体，厚 2.00~4.00m，主要集中在别勒滩东部，西部缺失较多（图 4-24）。

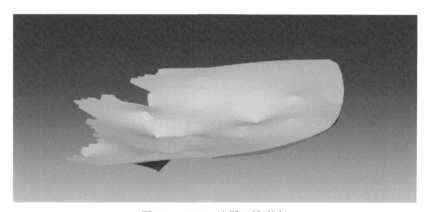

图 4-24　Q_3L_{22} 地层三维形态

（7）Q_3S_{22}：厚 2.00~6.00m，最大厚度 29.30m，均值厚度 2.37m。地层在中部和东南部有些微缺失（图 4-25）。

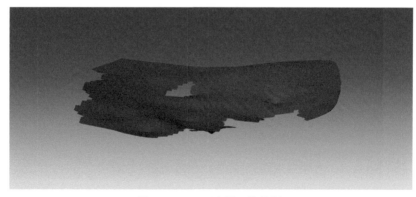

图 4-25　Q_3S_{22} 地层三维特征

（8）Q_4L_3：本组地层在区段西部厚，最大厚度 18.04m，向东部变薄为 0.03m（图 4-26）。

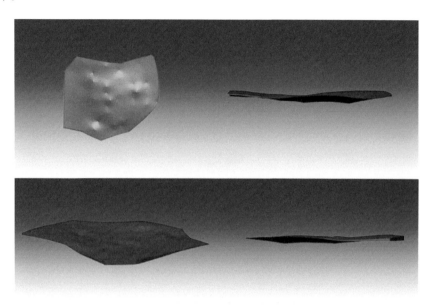

图 4-26　Q_4L_3 地层不同角度的三维效果图

（9）Q_4S_3：地层的最大厚度是 22.37m，尖灭到地表，平均厚度为 10.61m，东北部有部分缺失（图 4-27）。

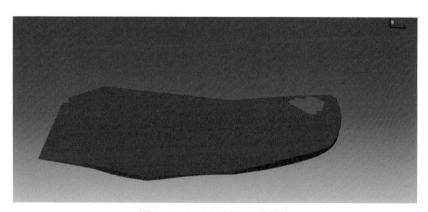

图 4-27　Q_4S_3 地层的三维形态

4.3.3　地层三维可视化

通过三维地层模型的建立，可以直观地看到地层的界线，可以得到任意方向的被颜色充填后的纵横剖面（图 4-28）。因而避免了人工按条圈定地质剖面的传统做法，大幅度地提高了工作效率。

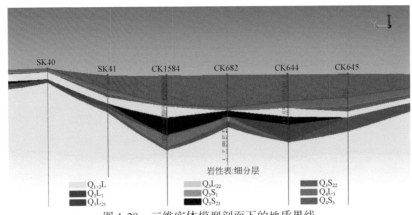

图 4-28　三维实体模型剖面下的地质界线

可以很直观地看到地层在空间上的接触关系、地层的厚度分布以及顶底板的形态（图 4-29）。

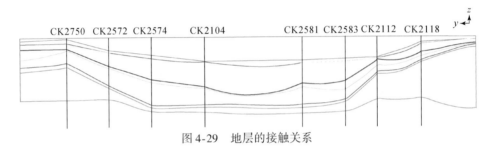

图 4-29　地层的接触关系

三维实体模型建立以后，为每个地层一次性充填规定的岩性花纹（图 4-30），同样可以避免为各个地质剖面重复充填花纹的工作。

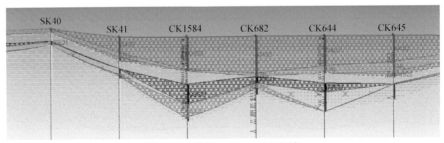

图 4-30　地质剖面的花纹充填

4.4　矿　体　模　型

4.4.1　块体模型

地质统计学方法是国际上通用的储量计算方法之一，其中关键技术是块体模型应用。

3DMine 软件运用了多边形法、最近距离法、距离幂次反比法和克里金法等进行品位和属性估值，可实现在不同约束条件下的矿石量和品位报告。在我国沿用了多年的储量计算方法包括地质块段法（纵投影法）和断面法的背景下，3DMine 软件提出"三维块段法"，实现了两种储量计算方法的结合与对比，从而可完成符合我国标准的储量分级计算。

在创建块体模型时需要明确的几个概念如下。

（1）块体空间范围：建立的块体模型尽可能包含所有矿体以及采掘的岩石范围，以便可以计算出矿岩量，而不仅仅是矿体范围。

（2）块体尺寸：通常情况下，块体尺寸的大小取决于矿体的类型、规模和采掘方式，例如，脉状金矿或铜矿与层状铁矿的块体尺寸是不同的，并且露天开采与地下开采方式的不同，定义的块体尺寸也是不同的。

（3）次级模块：每个一定体积的长方体叠加构成了块体模型，然而，在矿体边缘（曲面），需要对边缘块体进行分割，形成更次一级的子块，以期使得矿体边缘的块体更接近于矿体，从而保证了计算的误差在许可范围之内。

（4）估值方法：根据矿床类型和样品数量来选择不同的估值方法。对于详查或勘探级别的矿山而言，数据量往往不多，一般采用距离幂次反比或最近距离法，对于详细勘探和生产矿山来讲，样品量比较大，可以选用克里金法，但需要对数据进行分析后才能使用。

（5）约束条件：块体模型的部分空间，是块的组成部分，每一个都和一个记录相关联，这个记录是以空间为参照的，每个点的信息可以通过空间点来修改而并不仅仅是取决于其精确测量，空间参照就是一些额外的操作，比如在某个实体的内/外、表面的上/下、已知块体本身属性的大小等。约束条件的设置便于计算出任意空间范围的矿量和品位。

4.4.2　三维液矿模型

建立液矿模型的原始数据是数据库中的水位埋深点，在 3DMine 矿业软件中，利用【钻孔】–【数据提取】–【地层顶底板点】，提取形成液矿模型的顶板点，利用【表面】–【网格估值】，形成液矿模型的顶板。同样的方法，提取底板埋深数据，建立底板三维模型（图 4-31）。

图 4-31　别勒滩液矿模型的顶底面三维模型

　　根据实际情况，液矿层模型内部包含了两层黏土层，以水位埋深点为基础形成的液矿层的下部存在一层 0.50m 厚的黏土层；因此在地质数据库中，根据岩性表中的岩性描述，提取黏土层位字段后在 3DMine 软件下建立 Q_4L 黏土层、Q_4S_3 黏土层以及底板下 0.50m 厚的黏土层（图 4-32）。

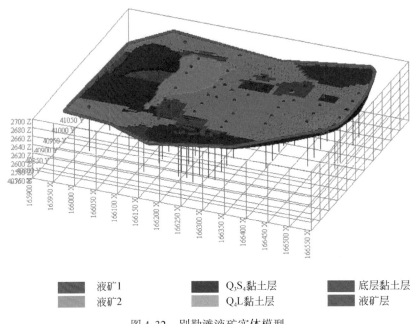

| 液矿1 | Q_3S_4黏土层 | 底层黏土层 |
| 液矿2 | Q_4L黏土层 | 液矿层 |

图 4-32　别勒滩液矿实体模型

　　该实体模型基于盐湖液矿模型而建立，盐湖液矿模型创建完成后，认为液矿模型定义的液体矿包含了卤水矿层、Q_4S_3 和 Q_4L 黏土层（非矿层或杂质层）以及液矿层底层黏土层。

　　根据液矿实体模型，设置合适的尺寸，创建液矿块体模型，并利用钻孔地质数据库中的品位信息，生成化验组合样对块体模型进行品位估值（图 4-33）。

　　块体模型尺寸参数（部分）如下。

　　块体起点：x=165900.000，y=40700.000，z=2650.000。

　　块体终点：x=166600.000，y=41300.000，z=2690.000。

　　块体大小：x=10.000，y=10.000，z=0.500。

　　次级块体大小：x=5.000，y=5.000，z=0.250。

1. 矿体品位分布特征

　　根据收集到的地质资料和钻孔数据、化验表 KCl_液中的 KCl 百分含量把别勒滩区段液体钾盐矿的品位分为 5 个等级（上组限在内），其中第一级为 0～0.5%，第二级为0.5%~2.0%，第三级为 2.0%~6.0%，第四级为 6.0%~99%，第五级为其他（含量大于99%）。

　　由图 4-33 可见，液矿钾盐在别勒滩地区分布较广，其中品位值在 0.5%～2% 的矿体最多，仅在矿区北部、南部的边缘地带缺失，其余地区均可见，其中以别勒滩北部为相对贫

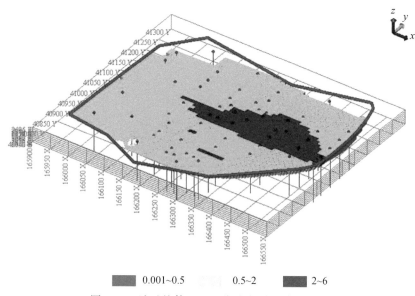

图 4-33　液矿块体 KCl 品位分布图（单位:%）

矿区。而品位值在 2.0%～6.0% 的液矿钾盐矿分布较少，在别勒滩区段中部较为富集，富集区内主要包括 CK2469、CK2500、CK2524、CK2554、CK2104、BN7、CK2205、CK2204、CK2030、CK2670、CK2389、CK2700、CK617 等钻孔。

2. 矿体厚度分布特征

液矿矿体的平均厚度为 12.14m，最薄处位于别勒滩区段的西南部，由钻孔 CK2606 控制，厚度为 0.25m，最厚处可达 29.75m，位于别勒滩的中北部，由钻孔 CK2030 控制。

4.4.3　三维固矿模型

对于别勒滩盐湖，根据上述形成的地层实体模型，设置合适的尺寸，创建固矿块体模型，并利用钻孔地质数据库中的品位信息，生成化验组合样对块体模型进行品位估值。

块体模型尺寸参数（部分）如下。

块体起点：$x = 165900.000$，$y = 40700.000$，$z = 2650.000$。

块体终点：$x = 166600.000$，$y = 41300.000$，$z = 2690.000$。

块体大小：$x = 10.000$，$y = 10.000$，$z = 0.500$。

次级块体大小：$x = 5.000$，$y = 5.000$，$z = 0.250$。

应用实体地层面对固矿块体模型进行约束后保存成实体面模型，即可以将地层实体模型通过块体显示出来；同时利用块值约束将 KCl_固矿块值大于 0.5% 的视为矿层，由此在三维空间下展现整个固矿层。由图 4-35 可以看出，整个矿区固矿的 KCl 品位相对较低，大部分 KCl_固矿块值品位集中在 0.5%～2.0%，部分在 2.0%～6.0%。

1. 矿体品位分布特征

由图 4-34 可见，低品位固体钾盐几乎只出现在别勒滩盐湖的中部，为相对钾矿富集区。其中品位值在 0.5%～2.0% 的矿体最多，而品位值在 2.0%～6.0% 的固体钾盐矿分布较少，仅在别勒滩地区的东北部、西南部，钾盐品位>2% 的固矿相对富集区主要包括CK2205、CK2389、CK2554、CK2731、CK2732、CK2572 等钻孔。

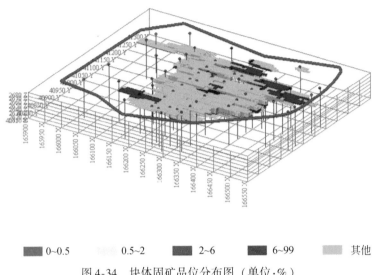

■ 0~0.5　　　0.5~2　　■ 2~6　　■ 6~99　　　其他

图 4-34　块体固矿品位分布图（单位:%）

2. 矿体厚度分布特征

根据建立的固矿模型，可以计算出矿体的厚度。

矿体的平均厚度为 7.89m，最薄处 0.25m，最厚处可达 55.25m。最厚处位于别勒滩盐湖的中西部（图 4-35），由钻孔 CK2469 控制。最薄处位于别勒滩的东北部，由钻孔 CK2831 控制，厚度薄至 0.25m，在此区域内矿体存在缺失。

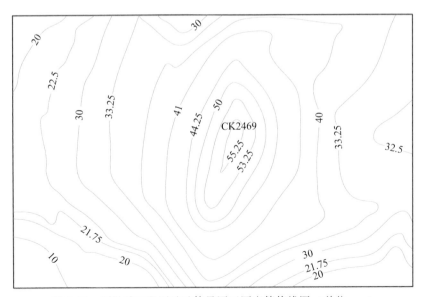

图 4-35　别勒滩区段固矿矿体最厚区厚度等值线图（单位：m）

3. 矿体分布特征

由固矿三维矿体模型可以看出，别勒滩地区低品位固体钾盐矿主要分布于地层 Q_4S_3 中（地层的最大厚度是 22.37m，平均厚度为 10.61m），本层的资源量大，占本区段钾盐资源的 70%~80%。固矿品位大多集中在 0.5%~2.0%，局部区域固体钾盐品位可达 2.0%~6.0%。从固体钾盐品位分析，最富集的区域位于研究区的东北部，主要由 CK2572、CK2678、CK2205、CK2388 几个钻孔控制。

第 5 章　溶采理论与试验基础

青海察尔汗盐湖别勒滩区段低品位固体钾盐资源丰富，钾盐矿物组合为杂卤石-光卤石-钾石盐，地层 KCl 平均含量 2.15%，含钾地层（微）孔隙发育有利于驱动液化开采。此前，已开展一些试验工作，但驱动液化工艺并未得到实质性突破。

1990 年，青海省盐湖勘查开发研究院曾做过室内溶矿实验和野外小型封闭盐田驱动试验；李文鹏等（1994）、郝爱兵（1997）系统开展了察尔汗首采区段溶矿驱动理论模型模拟和室内实验研究，建立了开采驱动模型，但由于当时试验数据有限，模型中部分控制参数根据专业经验估计给出，模型误差相对偏大；王弭力等（1997）在"八五"科技攻关项目"柴达木盆地北部盐湖钾矿床及其开发前景"研究中，发现昆特依大型钾矿（曾被认为是"呆矿"）卤水主要储集于溶蚀孔隙中，提出了利用周边油田水溶蚀扩孔开采的思路。

针对别勒滩区段低品位钾盐的驱动溶解野外静态试验也逐步开展，如 2006～2008 年，引涩聂湖水作溶剂，在开放条件下实现低品位固体钾矿的驱动液化（可称为单级驱动）。但是，单级驱动出现了地下卤水优势通道（优势管道流）和溶矿距离（溶程）较短，即溶剂以管道流的形式快速流过地层，与可溶的盐类矿床的接触交换时间大大缩短，开采的目标物未能有效溶出，制约了水溶开采的速率和溶矿率。

可见，当前溶采技术的问题在于难以确定多组分地下卤水系统与围岩介质的物质交换量，也未明晰溶矿驱动液化过程中固液相转化规律。因此，急需对察尔汗盐湖别勒滩区段持续开采下的水盐动态、地球化学相平衡、Pitzer 模型的计算等方面，进行深入、系统、综合的研究及试验，结合相关理论，论证确定水动力弥散和平衡化学耦合模型，确定在一定条件下的固液交换量（Jennings et al.，1982），总结溶矿驱动液化过程中固液相转化规律，为察尔汗盐湖钾盐资源的可持续开发提供科学依据。

5.1　Pitzer 理论与模型

5.1.1　Pitzer 理论

活度系数和渗透系数是电解质溶液中两个基本参数，是建立化学平衡模型的基础，在溶液理论中有着重要意义，因此，确定高浓度电解质溶液的活度系数和渗透系数表达式，一直是物理化学家所苦苦追求的目标。

Pitzer 理论或 Pitzer 模型亦称离子特殊相互作用模型，其主要内容表述为计算电解质溶液中离子活度系数及溶剂渗透系数的半经验方程，是 Pitzer 等（1987）及合作者在 Guggenheim-Scatchard 方程组和 Debye-Huckel 方程基础上引入硬心动力效应项发展起来的。Pitzer 理论的两个主要本质特点是：① 电解质溶液的性质（如活度系数、渗透系数）可由一个"静电"项加上一个用位力系数级数表示的"硬心"项来表示，级数中的位力系数是离子强度的函数；② 复杂混合电解质溶液的热力学特性可由简单的二元和三元溶液特性的组合来确定。

运用 Pitzer 方程研究高浓度卤水体系的化学平衡问题大体分为两个阶段。第一阶段是 1986 年以前，以研究恒温（25℃）体系为主，其中最有代表性的要数 Harvie 和 Weare（1980）、Harvie 等（1984）的 Na-K-Mg-Ca-Cl-SO$_4$-H$_2$O 海水体系的化学平衡模型（HW 模型）和其扩展形式——高浓度 Na-K-Mg-Ca-H-Cl-SO$_4$-OH-HCO$_2$-CO$_2$-CO$_2$-H$_2$O 体系的化学平衡模型（HMW 模型）。第二阶段是 1987 年以后，以扩展化学平衡模型至变温体系（-60~300℃甚至更高）为主，比较有代表性的工作包括 Pabalan 和 Pitzer（1987）的高温 Na-K-Mg-Cl-SO$_4$-OH-H$_2$O 混合体系的化学平衡模型、Moller（1989）的 Na-Ca-Cl-SO$_4$-H$_2$O 体系的化学平衡模型（25~250℃）、Greenberg 和 Mooller（1989）的高浓度 Na-K-Ca-Cl-SO$_4$-H$_2$O 体系的化学平衡模型（0~250℃）、Spencer 等（1989）的低温（-60~25℃）Na-K-Mg-Ca-Cl-SO$_4$-H$_2$O 海水体系的化学平衡模型（SMW 模型）等。

Pitzer 理论主要是用来计算溶液中各离子的活度系数和渗透系数（φ）（热力学中的概念，并非地层的渗透系数 K），求得离子的活度系数后，便可以求矿物（如光卤石、钾石盐等）的活度积，通过与溶度积比较，从而得知溶液是否饱和。Pitzer 理论在驱动溶解模型中主要应用于化学平衡计算中。Pitzer 理论的具体方程形式如下：

$$(\phi - 1) = \frac{2}{\left(\sum_i m_i\right)}\left\{-\frac{A^\phi I^{3/2}}{1 + bI^{1/2}} + \sum_c \sum_a m_c m_a (B_{ca}^\phi + ZC_{ca})\right.$$

$$+ \sum_{c<c'} \sum m_c m_{c'}\left(\Phi_{cc'}^\phi + \sum_a m_a \Psi_{cc'a}\right)$$

$$+ \sum_{a<a'} \sum m_a m_{a'}\left(\Phi_{aa'}^\phi + \sum_c m_c \Psi_{aa'c}\right) + \sum \sum m_n m_c \lambda_{nc}$$

$$\left. + \sum_n \sum_a m_n m_a \lambda_{na} + \sum_n \sum_c \sum_a m_n m_c m_a \xi_{nca}\right.$$

$$\ln\gamma_M = Z_M^2 F + \sum_a m_a (2B_{Ma} + ZC_{Ma})$$

$$+ \sum_c m_c\left(2\Phi_{Mc} + \sum_a m_a \Psi_{Mca}\right) + \sum_{a<a'} \sum m_a m_{a'} \Psi_{aa'M}$$

$$+ |Z_M| \sum_c \sum_a m_c m_a C_{ca} + \sum_n m_n (2\lambda_{nM}) + \sum_n \sum_a m_n m_a \xi_{naM}$$

$$\ln\gamma_x = Z_x^2 F + \sum_c m_c (2B_{xc} + ZC_{xc})$$

$$+ \sum_a m_a\left(2\Phi_{xa} + \sum_c m_c \Psi_{xca}\right) + \sum_{c<c'} \Psi_{cc'x} + |Z_x| \sum_c \sum_a m_c m_a C_{ca}$$

$$+ \sum_n m_n (2\lambda_{nx}) + \sum_n \sum_c m_n m_c \xi_{ncx}$$

$$\ln\gamma_N = \sum_c m_c (2\lambda_{Nc}) + \sum_a m_a (2\lambda_{Na}) + \sum_c \sum_\alpha m_c m_a \xi_{Nca}$$

$$F = -A^{\phi}\left(\frac{I^{1/2}}{1 + 1.2I^{1/2}} + \frac{2}{1.2}\ln(1 + 1.2I^{1/2})\right)$$

$$+ \sum_{c=1}^{N_c}\sum_{\alpha=1}^{N_a} m_c m_a B_{ca} + \sum_{c=1}^{N_c-1}\sum_{c'=c+1}^{N_c} m_c m_{c'}\,\Phi_{cc'} + \sum_{a=1}^{N_a-1}\sum_{a'=a+1}^{N_a} m_a m_{a'} B_{ca}\,\Phi_{aa'}$$

上述方程中，m_c 为阳离子 c 的质量摩尔浓度（每千克溶剂中溶质的摩尔数），z_c 为其电荷数；下标 M、c 和 c' 对应阳离子，同样，X、a 和 a' 对应阴离子，N、n 表示中性组分种类；求和符号下的 c 表示体系中的所有阳离子，$c<c'$ 表示所有可区分的差异阳离子对，同样对阴离子和中性组分种类也是如此；B 和 Φ 表示第二位力系数 λ 的组合，C 和 Ψ 表示第三位力系数 μ 的组合；λ_{ni} 和 ξ_{nij} 为代表离子与中性组分种类间相互作用的第二和第三位力系数，通常认为是常数；B 和 C 由单一电解质数据进行参数化，Φ 和 Ψ 则由双盐体系进行参数化。

结合察尔汗盐湖晶间卤水和盐层骨架的化学特征以及温度条件，可以借鉴使用高浓度 Na-K-Mg-Ca-Cl-SO$_4$-H$_2$O 体系的化学平衡模型来研究溶解驱动开采过程中的固液转化问题。

5.1.2 Pitzer 平衡溶矿模型

李文鹏（1991）首次把 Pitzer 平衡溶矿理论应用于察尔汗盐湖采矿研究，建立了察尔汗盐湖溶矿驱动开采数学模型。当时试验数据有限，模型中部分控制参数根据专业经验估计给出，模型误差相对偏大。

本次研究是在以往研究成果的基础上，结合 Pitzer 理论和实际试验数据，建立实用的平衡溶矿控制方程和多组分卤水水动力弥散与平衡溶解模型，改进求解方法，为建立完善的察尔汗盐湖溶矿驱动模拟系统奠定基础。

1. 平衡溶矿模型简化

察尔汗盐湖富钾盐层，主要由石盐构成盐层格架，易溶的光卤石和钾石盐多以薄层状或浸染状分布于石盐层中，由于卤水中含有一定量的 Ca^{2+} 和 SO$_4^{2-}$，盐层中分散沉积有一定量的杂卤石和石膏。在天然条件下，盐层孔隙晶间卤水运动极慢，甚至处于停滞状态，与其围盐介质处于化学平衡状态。

溶矿驱动开采过程中，盐溶孔隙中渗流溶液若与原位晶间卤水有差异，则打破原卤溶液与固相盐类矿物的溶解平衡状态，使晶间卤水引起原化学平衡状态的移动，产生固液交换。

鉴于盐层中黏土夹层占次要地位，忽略吸附和离子交换作用，固液交换主要概化为易溶盐的溶解和沉淀。晶间卤水是富含 K$^+$、Na$^+$、Ca^{2+}、Mg^{2+}、Cl$^-$、SO$_4^{2-}$ 六大离子的强电解质溶液，其他组分的离子含量较少，为简化模型，忽略其他组分离子的含量存在，近似认为液相离子仅存在上述 6 种离子。

考虑到察尔汗盐湖的固相矿物的沉积特征，盐层主要由石盐组成骨架，含有薄层状或浸染状杂卤石、光卤石和钾盐层（相变可致局部杂卤石为主），并含有少量石膏，一些溶解度极大或很高的矿物含量很少甚至没有。鉴于建模的目的主要是研究钾镁矿物的溶解与析出，平衡溶矿模型假定固相盐类主要存在 4 种矿物：钾石盐（KCl）、石盐（NaCl）、光卤石（$KMgCl_3 \cdot 6H_2O$）、杂卤石（$K_2Ca_2Mg[SO_4]_4 \cdot 2H_2O$），对于溶矿过程中固液交换量较少的石膏（$CaSO_4 \cdot 2H_2O$）和其他未列出的少量矿物，近似处理为在固相中一直保持不变。

假设含钾矿物中大部分为钾石盐（KCl）和光卤石（$KMgCl_3 \cdot 6H_2O$），且呈薄层状或浸染状分布于盐层中，可与溶液充分接触，对于缓慢的地下水运动来说，溶解和沉淀反应相对较快，允许用平衡化学方法确定固液转化量。

基于上述诸因素考虑，富含晶间卤水的盐层概化为含有 10 种组分，液相 6 种离子、固相 4 种矿物的盐层卤水系统。考虑到建模目的是研究盐湖矿区的溶矿问题，为研究问题方便起见，取单位体积多孔盐层介质为研究对象，组分 K^+、Na^+、Ca^{2+}、Mg^{2+}、Cl^-、SO_4^{2-} 在系统中总含量为 C_{Tr}，单位为 mol/m^3（多孔盐层介质），6 液相组分与 4 固相矿物分别记为 X_1、X_2、$\cdots$、X_{10}，单位亦为单位体积介隙介质中组分种类 i 的摩尔浓度。

2. 平衡溶矿数学模型描述

据溶解平衡化学原理规律，10 组分的固液盐层卤水系统满足：

$$\begin{cases} X_1+X_7+X_9+2X_{10}=C_{T1} \\ X_2+X_8=C_{T2} \\ X_3+2X_{10}=C_{T3} \\ X_4+X_9+X_{10}=C_{T4} \\ \begin{cases} X_5+X_7+X_8+3X_9=C_{T5} \\ \qquad\qquad 或 \\ X_1+X_2+2X_3+2X_4-X_5-2X_6=0 \text{（电荷平衡方程）} \end{cases} \\ X_6+X_9+X_{10}=C_{T6} \end{cases} \qquad (5\text{-}1)$$

系统中的 6 种组分液相质量摩尔浓度为 m_i，活度为 α_i，活度系数为 γ_i，有如下质量作用方程：

$$\begin{cases} \alpha_1 \cdot \alpha_5 \leqslant K_{sp} \text{（KCl）} \\ \alpha_2 \cdot \alpha_5 \leqslant K_{sp} \text{（NaCl）} \\ \alpha_1 \cdot \alpha_4 \cdot \alpha_5^3 \cdot \alpha_{H_2O}^6 \leqslant K_{sp} \text{（$KMgCl_3 \cdot 6H_2O$）} \\ \alpha_1^2 \cdot \alpha_3^2 \cdot \alpha_4 \cdot \alpha_6^4 \cdot \alpha_{H_2O}^2 \leqslant K_{sp} \text{（$K_2Ca_2Mg[SO_4]_4 \cdot 2H_2O$）} \end{cases} \qquad (5\text{-}2)$$

据热力学电解质溶液理论：

$$\alpha_i = \gamma_i \cdot m_i \qquad (5\text{-}3)$$

为描述不同组分浓度卤水的溶解能力，把式（5-2）中 α_i 换成溶液质量摩尔浓度 m_i，其中 γ_i 和 α_{H_2O} 用 Pitzer 理论计算。m_i 与 X_i 单位不统一，须寻求 m_i 与 X_i 间的关系，使式（5-1）、式（5-2）联立求解。

据察尔汗盐湖大量卤水样品资料分析，卤水密度和溶解固体总量 TDS 具有良好的线性关系（图 5-1）：

$$d = 1.004 + \frac{0.706}{1000} TDS \qquad (5\text{-}4)$$

假定水中固溶物均为可溶盐，TDS 近似等于六大离子之和 ZW，将式（5-4）近似写成

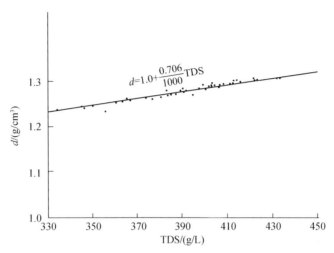

图 5-1　察尔汗盐湖晶间卤水密度与溶解固体总量 TDS 关系（李文鹏，1991）

$$d = 1.004 + \frac{0.706}{1000}\text{ZW} \tag{5-5}$$

由此，知 6 种液相离子总和为 ZW，可求得密度 d，假定盐层孔隙度为 θ，则 1m^3 孔隙饱和的盐层介质中含 $\theta\,(d\times1000-\text{ZW})$（kg）水，$1\text{m}^3$ 盐层中液相卤水含 i 组分为 X_i（mol），则 m_i 和 X_i 则有下列关系：

$$\begin{cases} \text{ZW} = \dfrac{\displaystyle\sum_i \text{EL}_i \cdot X_i}{1000 \times \theta} \\[4mm] m_i = \dfrac{X_i}{\theta(d \times 1000 - \text{ZW})} \end{cases} \tag{5-6}$$

式中，θ 为孔隙度；EL_i 为原子量。

将式（5-6）代入式（5-2），并令

$$\frac{\gamma_i}{\theta\,(d\times1000-\text{ZW})} = \beta_i \tag{5-7}$$

$$\begin{cases} \dfrac{K_{\text{sp}_1}}{(\beta_1 \cdot \beta_5)} = \text{BF}_1 \quad (\text{KCl}) \\[4mm] \dfrac{K_{\text{sp}_2}}{(\beta_2 \cdot \beta_5)} = \text{BF}_2 \quad (\text{NaCl}) \\[4mm] \dfrac{K_{\text{sp}_3}}{(\beta_1 \cdot \beta_4 \cdot \alpha_4 \cdot \beta_5^3 \cdot \alpha_{\text{H}_2\text{O}}^6)} = \text{BF}_3 \quad (\text{KMgCl}_3 \cdot 6\text{H}_2\text{O}) \\[4mm] \dfrac{K_{\text{sp}_3}}{\beta_1^2 \cdot \beta_3^2 \cdot \beta_4 \cdot \beta_6^4 \cdot \alpha_{\text{H}_2\text{O}}^2} = \text{BF}_4 \quad (\text{K}_2\text{Ca}_2\text{Mg}\,[\,\text{SO}_4\,]_4 \cdot 2\text{H}_2\text{O}) \end{cases} \tag{5-8}$$

得

$$
\begin{cases}
X_1 \cdot X_5 \leqslant BF_1 \\
X_2 \cdot X_5 \leqslant BF_2 \\
X_1 \cdot X_4 \cdot X_5^3 \leqslant BF_3 \\
X_1^2 \cdot X_3^2 \cdot X_4 \cdot X_6^4 \leqslant BF_4
\end{cases}
\tag{5-9}
$$

将式（5-1）与式（5-9）合并则得该系统的平衡化学模型，即式（5-10）、式（5-11）：

$$
\begin{cases}
X_1 + X_7 + X_9 + 2X_{10} = C_{T\_K} \\
X_2 + X_8 = C_{T\_Na} \\
X_3 + 2X_{10} = C_{T\_Ca} \\
X_4 + X_9 + X_{10} = C_{T\_Mg} \\
X_1 + X_2 + 2X_3 + 2X_4 - X_5 - 2X_6 = 0 \\
X_6 + 4X_{10} = C_{T\_SO_4}
\end{cases}
\tag{5-10}
$$

$$
\begin{cases}
X_1 \cdot X_5 = BF_1,\ (X_1+X_7) \cdot (X_5+X_7) \geqslant BF_1 \\
X_7 = 0,\ (X_1+X_7) \cdot (X_5+X_7) < BF_1 \\
X_2 \cdot X_5 = BF_2 \\
X_1 \cdot X_4 \cdot X_5^3 = BF_3,\ (X_1+X_9) \cdot (X_4+X_9) \cdot (X_5+3X_9)^3 \geqslant BF_3 \\
X_9 = 0,\ (X_1+X_9) \cdot (X_4+X_9) \cdot (X_5+3X_9)^3 < BF_3 \\
X_1^2 X_3^2 X_4 X_6^4 = BF_4,\ (X_1+2X_{10})^2 \cdot (X_3+2X_{10})^2 \cdot (X_4+X_{10}) \cdot (X_6+4X_{10})^4 \geqslant BF_4 \\
X_1 = 0,\ (X_1+2X_{10})^2 \cdot (X_3+2X_{10})^2 \cdot (X_4+X_{10}) \cdot (X_6+4X_{10})^4 < BF_4
\end{cases}
\tag{5-11}
$$

式（5-11）中，各方程的条件判断式取"≥"号，表明相应矿物存在，则方程取乘积等式关系；反之，条件判断式若取"<"号，表明某矿物完全被溶解，则相应固相矿物为零（$X_i = 0$）。求解式（5-10）、式（5-11），可得出溶矿达到平衡情况下液相 6 种离子的溶液浓度和固相矿物的剩余含量。

3. 牛顿–拉弗森方法解算非线性模型

式（5-10）、式（5-11）为十阶高度非线性方程组，选择牛顿–拉弗森微分增量线性化方法，转化其为线性代数方程组，即式（5-12）、式（5-13），用选高斯主元消去法求解，得出一次迭代解，$\{\Delta x_i\}$，$\{x_i = x_i^0 + \Delta x_i\}$，反复迭代，直至 $\| \Delta x \| < \varepsilon$ 为止。

$$
\begin{cases}
\Delta X_1 + \Delta X_7 + \Delta X_9 + 2\Delta X_{10} = C_{T\_K} - (X_1 + X_7 + X_9 + 2\Delta X_{10}) \\
\Delta X_2 + \Delta X_8 = C_{T\_Na} - (X_2 + X_8) \\
\Delta X_3 + 2\Delta X_{10} = C_{T\_Ca} - (X_3 + 2X_{10}) \\
\Delta X_4 + \Delta X_9 + \Delta X_{10} = C_{T\_Mg} - (X_4 + X_9 + X_{10}) \\
\Delta X_1 + \Delta X_2 + 2\Delta X_3 + 2\Delta X_4 - \Delta X_5 - 2\Delta X_6 = 0 \\
\Delta X_6 + 4\Delta X_{10} = C_{T\_SO_4} - (X_6 + 4X_{10})
\end{cases}
\tag{5-12}
$$

$$
\begin{cases}
\begin{cases}
X_5 \cdot \Delta X_1 + X_1 \cdot \Delta X_5 = BF_1 - X_1 \cdot X_5, \quad (X_1 + X_7) \cdot (X_5 + X_7) \geqslant BF_1 \\
\Delta X_7 = -X_7, \quad (X_1 + X_7) \cdot (X_5 + X_7) < BF_1
\end{cases} \\
\{ X_5 \cdot \Delta X_2 + X_2 \cdot \Delta X_5 = BF_2 - X_2 \cdot X_5 \\
\begin{cases}
X_4 X_5^3 \Delta X_1 + X_1 X_5^3 \Delta X_4 + 3 X_1 X_4 X_5^2 \Delta X_5 = BF_3 - X_1 X_4 X_5^3 \\
(X_1 + X_9) \cdot (X_4 + X_9) \cdot (X_5 + 3X_9)^3 \geqslant BF_3 \\
\Delta X_9 = -X_9, \quad (X_1 + X_9) \cdot (X_4 + X_9) \cdot (X_5 + 3X_9)^3 < BF_3
\end{cases} \\
\begin{cases}
2 X_1 X_3^2 X_4 X_6^4 \Delta X_1 + 2 X_1^2 X_3 X_4 X_6^4 \Delta X_3 + X_1^2 X_3^2 X_6^4 \Delta X_4 \\
+ 4 X_1^2 X_3^2 X_4 X_6^3 \Delta X_6 = BF_4 - X_1^2 X_3^2 X_4 X_6^4 \\
(X_1 + 2X_{10})^2 \cdot (X_3 + 2X_{10})^2 \cdot (X_4 + X_{10}) \cdot (X_6 + 4X_{10})^4 \geqslant BF_4 \\
\Delta X_{10} = -X, \quad (X_1 + 2X_{10})^2 \cdot (X_3 + 2X_{10})^2 \cdot (X_4 + X_{10}) \cdot (X_6 + 4X_{10})^4 < BF_4
\end{cases}
\end{cases}
\quad (5\text{-}13)
$$

式（5-12）、式（5-13）的解，仍不是溶解平衡条件下的最终解，因为在生成系数矩阵与右端列向量 C_{Ti}、BF_i 的过程中，所需要的 6 种液相组分是计算平衡模型前的猜测值；式（5-12）、式（5-13）的解，仅仅是向最终解靠近了一步，需多次求解式（5-12）、式（5-13）方能得到溶矿平衡条件下的最终解。

4. 溶矿化学平衡模型子程序

为求解上述溶矿平衡问题，专门研发溶矿化学平衡程序包"Chem_Equation. for"，以在溶矿驱动采卤模型中调用。溶矿平衡程序包计算流程见图 5-2。

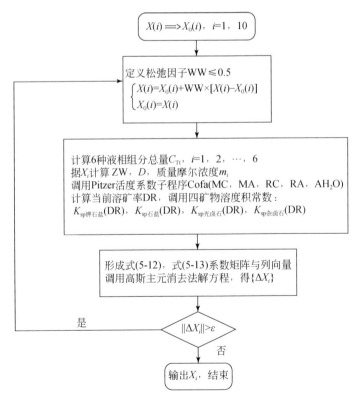

图 5-2　溶矿平衡程序包计算流程图

5.1.3　平衡溶矿与水动力弥散耦合模型

1. 平衡溶矿与水动力弥散耦合数学模型

在多组分地下卤水系统中，种类 r 组分的水动力弥散方程一般形式为

$$\frac{\partial(\theta C_r)}{\partial t} = \operatorname{div}\left[\theta \boldsymbol{D}\rho \cdot \operatorname{grad}\left(\frac{C_r}{\rho}\right)\right] - \operatorname{div}(\theta v C_r) + R_r \qquad (5\text{-}14)$$

式中，C_r 为液相离子 r 组分浓度；θ 为盐层有效孔隙度；v 为孔隙平均流速；$\boldsymbol{D}$ 为水动力弥散张量；ρ 为地下水密度；R_r 为单位体积介质固相矿物溶解速率。

由固相矿物溶解（或析出）引起 r 组分向液相转化速率为

$$R_r = -\frac{\partial C_{sr}}{\partial t} \qquad (5\text{-}15)$$

式中，C_{sr} 为组分 r 的固相浓度。

为描述简洁，令 $C_{Tr} = \theta C_r + C_{sr}$，平衡溶矿与水动力弥散耦合模型简化为

$$\frac{1}{\theta}\frac{\partial C_{Tr}}{\partial t} = \operatorname{div}\left[\boldsymbol{D}\rho \cdot \operatorname{grad}\left(\frac{C_r}{\rho}\right)\right] - \operatorname{div}(v C_r) \qquad (5\text{-}16)$$

式（5-16）包括 C_{Tr} 和 C_r 组未知量，且卤水浓度变化会影响密度和黏度，从而又会影响流速场的改变，即浓度与速度分布相互依赖影响，须与流场模型联立求解，而不能单独求解。为便于求解，结合实际生产工艺溶矿驱动情况，进行以下两点简化：

（1）溶矿驱动注入溶剂是高矿化度卤水，至少是饱和石盐水（在驱动过程中可防止盐层溶解引起地面塌陷），密度变化不大，忽略密度变异对运动速度的影响，在研究卤水运动速度时，把卤水密度处理为常数。这样，可消去方程中的 ρ，使平衡溶矿与水动力弥散耦合方程和水流方程可各自独立求解，求解过程大为简化。

（2）相对于石盐骨架而言，溶矿驱动过程中少量的溶解和沉淀对盐层介质水文地质参数改变不大，近似认为 θ、K、D 在驱动过程中保持不变。

2. 二维卤水水流模型

溶矿驱动开采对象是察尔汗盐湖位于地表的 S_3 盐层，为潜水型含卤水层，地面平坦，含水层底板基本水平，天然条件下水力坡度极为平缓，即使驱动开采也受到潜水埋深小的限制，水力坡度仍不会太大，晶间卤水主要为水平运动，为此再作如下简化：① 卤水层为非均质各向同性介质；② 卤水运动服从达西定律。水流模型可描述为

$$\begin{cases} \mu\dfrac{\partial H}{\partial T} = \dfrac{\partial}{\partial x}\left(Kh\dfrac{\partial H}{\partial x}\right) + \dfrac{\partial}{\partial y}\left(Kh\dfrac{\partial H}{\partial y}\right) + \sum_i Q'_i\delta(x_i,y_i) - \sum_i Q''_i\delta(x_i,y_i) \\ H(x,y)\big|_{\Gamma_1} = H_1(x,y),\,(x,y)\in\Gamma_1 \\ Kh\dfrac{\partial H}{\partial n}\Big|_{\Gamma_2} = q(x,y),\,(x,y)\in\Gamma_2 \end{cases} \qquad (5\text{-}17)$$

用数值方法求解水流模型，得水头场与流速分布，为求解水动力弥散方程做准备。选用不规则网格单元均衡法计算（成熟方法，不再赘述）。

3. 水动力弥散和平衡溶矿耦合模型

在溶矿驱动过程中，会伴随发生溶解、沉淀，使固液相之间有物质交换，二维溶矿驱动问题液相离子 r 组分平衡溶矿与水动力弥散耦合控制方程及定解条件可描述为

$$
\begin{cases}
\dfrac{1}{\theta}\dfrac{\partial C_{Tr}}{\partial t} = \dfrac{\partial}{\partial x}\left(D_{xx}\dfrac{\partial C_r}{\partial x}+D_{xy}\dfrac{\partial C_r}{\partial y}\right)+\dfrac{\partial}{\partial y}\left(D_{yy}\dfrac{\partial C_r}{\partial y}+D_{yx}\dfrac{\partial C_r}{\partial x}\right) \\[2mm]
-\dfrac{\partial}{\partial x}(v_x C_r)-\dfrac{\partial}{\partial y}(v_y C_r) \\[2mm]
+\sum\dfrac{Q'_i}{M\theta}C_R\delta(x-x_i,\ y-y_i)-\sum\dfrac{Q''_j}{M\theta}C_r\delta(x-x_j,\ y-y_j) \\[2mm]
r=\text{K, Na, Ca, Mg, Cl, SO}_4
\end{cases}
\tag{5-18}
$$

式中，$C_{Tr}=\theta C_r + C_{sr}$，为单位体积介质（固、液）总含量，$\mathrm{mol/m^3}$；$C_r$ 为单位体积介质液相浓度，$\mathrm{mol/m^3}$；C_R 为注入溶剂浓度，$\mathrm{mol/m^3}$；Q' 为注水流量，$\mathrm{m^3/d}$；Q'' 为抽水流量，$\mathrm{m^3/d}$；v_x、v_y 为孔隙平均流速，$\mathrm{m/d}$；M 为含水层厚度，m。

$$
\begin{cases}
D_{xx}=\alpha_L\dfrac{|v_x v_x|}{|v|}+\alpha_T\dfrac{|v_y v_y|}{|v|} \\[3mm]
D_{xy}=(\alpha_L-\alpha_T)\dfrac{|v_x v_y|}{|v|} \\[3mm]
D_{yy}=\alpha_L\dfrac{|v_y v_y|}{|v|}+\alpha_T\dfrac{|v_x v_x|}{|v|}
\end{cases}
$$

初始条件：

$$
\begin{cases}
C_r(x,\ y,\ 0)=C_{r_0}(x,\ y),\quad r=\text{K, Na, Ca, Mg, Cl, SO}_4 \\[2mm]
C_s(x,\ y,\ 0)=C_{s_0}(x,\ y),\quad s=\text{KCl, NaCl, KMgCl}_3\cdot6\text{H}_2\text{O, K}_2\text{Ca}_2\text{Mg}\left[\text{SO}_4\right]_4\cdot2\text{H}_2\text{O}
\end{cases}
\tag{5-19}
$$

盐层晶间卤水系统与外界溶质通量边界条件：

$$
\left[\left(D_{xx}\dfrac{\partial C_r}{\partial x}+D_{xy}\dfrac{\partial C_r}{\partial y}\right)-v_x C_r\right]n_x+\left[\left(D_{yy}\dfrac{\partial C_r}{\partial y}+D_{yx}\dfrac{\partial C_r}{\partial x}\right)-v_y C_r\right]n_y=\dfrac{q}{M\theta}C_{br}
\tag{5-20}
$$

式中，q 为流入边界内的单宽流量；M 为盐层介质厚度；C_{br} 为向盐层晶间卤水系统的注入（或排出）溶液浓度；n_x，n_y 为边界外法线方向余弦。

式（5-18）~式（5-20）联立，构成完备的水动力弥散和平衡溶矿耦合数学模型。

4. 水动力弥散和平衡溶矿耦合离散数值模型

用单元均衡法构建水动力弥散与平衡溶矿耦合数值模型，单元三结点及相关几何量含义如图 5-3 所示。

为简化离散数值模型，令 $C'_r=\theta C_r$，即用 C'_r 间接表示液相离子浓度，C'_r 含义为单位体积盐层介质中液相晶间卤水含 r 物质的体积摩尔浓度。用物质守恒、Pitzer 溶矿平衡的指导思想，得出全隐式离散方程：

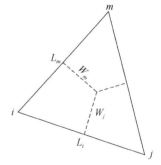

图 5-3　三角形面元要素示意图

$$
\left\{
\begin{aligned}
& AR_i \frac{(C_{Tr}^{k+1} - C_{Tr}^{k})}{\Delta t} \\
& = - \sum_{\beta} \sum_{p-jm} \frac{1}{4\Delta_{\beta}} [D_{xx} \cdot b_i b_p + D_{xy} \cdot (b_i d_p + b_p d_i) + D_{yy} \cdot d_i d_p] \cdot (C'_{rp} - C'_{ri}) \\
& \quad - \sum_{\beta} \frac{1}{4\Delta_{\beta}} [(-v_x \cdot d_m + v_y \cdot b_m)(b_i b_j + d_i d_j) C'_{ji} + (v_x \cdot d_j - v_y \cdot b_j)(b_i b_m + d_i d_m) C'_{mi}] \\
& \quad + \sum \frac{Q'}{M} C_R - \sum \frac{Q''}{M\theta} C'_r \\
& C'_{ji} = \alpha C'_j + (1 - \alpha) C'_i \begin{cases} q_{ji} > 0, \ \alpha = 1 \\ q_{ji} < 0, \ \alpha = 0 \end{cases} \\
& C'_{mi} = \alpha C'_m + (1 - \alpha) C'_i \begin{cases} q_{mi} > 0, \ \alpha = 1 \\ q_{mi} < 0, \ \alpha = 0 \end{cases}
\end{aligned}
\right.
$$

$$(5\text{-}21)$$

式中：

$$b_i = y_j - y_m \quad b_j = y_m - y_i \quad b_m = y_i - y_j$$

$$d_i = x_m - x_j \quad d_j = x_i - x_m \quad d_m = x_j - x_i$$

$$\Delta = \frac{1}{2}(b_i d_j - b_j d_i)$$

$$AR_i^{\beta} = \frac{-1}{16\Delta_{\beta}} [(b_i b_j - d_i d_j) \cdot (b_m^2 + d_m^2) + (b_i b_m - d_i d_m) \cdot (b_j^2 + d_j^2)]$$

5.2　VTP 软件（卤水变温模型）

VTP（Variable Temperature Pitzer，高浓卤水变温平衡计算软件）是基于 Pitzer 理论和青海盐湖卤水特征开发的专用软件，是在 Visual Basic 6.0 平台编写运行的，VTP 中 cofa 子程序计算过程详见图 5-4。Visual Basic 是一种可视化的、面向对象和采用事件驱动方式的结构化高级程序设计语言，常用于开发 Windows 环境下的各类应用程序，它简单易学、效率高、功能强大，可编写多种软件。

5.2.1　软件特点

与 FORTRAN 程序相比，VTP 有以下特点：

（1）数据输入与结果输出更加方便。改变了以往数据输入时容易出错以及出错不能更改的缺点，输入更加方便、准确，出错可以进行修改，结果输出也更加直观，且便于打印，图 5-5 为 VTP 的单样品平衡计算界面。

（2）能够处理批量计算的任务。只需要将批量数据文件改为正确的格式（见 VTP 内帮助），批量计算就变得非常简单，只需点击一下"计算"，批量数据的计算结果可立即生成，效率更高，速度更快，图 5-6 为 VTP 批量样品平衡计算界面。

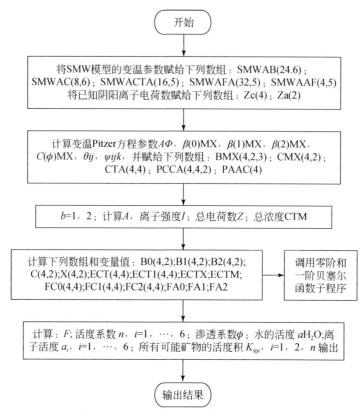

图 5-4　VTP 中 cofa 子程序计算过程框图

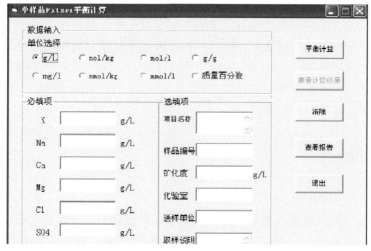

图 5-5　VTP 单样品平衡计算界面

（3）界面友好，操作简便，方便初次使用的用户更快上手使用。

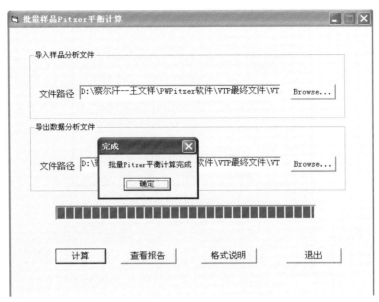

图 5-6 VTP 批量样品平衡计算界面

5.2.2 软件应用

双击 VTP. EXE 开始使用，首先打开的是 VTP 的主界面，如图 5-7 所示，在这个界面上可以在开始菜单中选择单样品计算或者多样品计算。

单击单样品计算后，弹出单样品计算的界面。这个界面分为两部分，一部分是输入区，一部分是输出区。在输入区中，你可以对你要输入的数值的单位进行选择，有八种单位可供选择：质量体积浓度（g/L、mg/L）、质量摩尔浓度（mol/kg、mmol/kg）、体积摩尔浓度（mol/L、mmol/L）和质量百分数（g/g、%）。选择单位后，输入 K^+、Na^+、Ca^{2+}、Mg^{2+}、Cl^-、SO_4^{2-} 的离子浓度、样品温度、样品密度等必填项，以及项目名称、样品编号、矿化度、取样说明等可填项，如果输入的浓度单位与体积无关，则可以不填写密度项。可以选择计算报告输出的路径和报告名称。单击平衡计算，计算完成后会在输出区输出计算结果：K^+、Na^+、Ca^{2+}、Mg^{2+}、Cl^-、SO_4^{2-} 的活度系数及 KCl、NaCl、$MgCl_2$ 的溶度积、活度积，如果输入了密度、矿化度数值还可以输出离子平衡误差和 TDS 误差，当误差大于 5% 时会弹出"误差过大"的提示。单击查看报告可以查看平衡计算的报告。

单击多样品计算后会弹出批量样品计算的界面。首先是选择样品分析文件，然后选择计算结果的输出路径。VTP 对样品分析文件的格式是有要求的。批量样品 Pitzer 计算可供选择的单位同样有 g/L，g/g，mol/kg，mol/L，mg/L，mg/g，mmol/kg 和%（质量分数）。

批量计算导入文件的格式如下：

"浓度单位"，＊＊＊＊，"项目名称"，＊＊＊＊

"送样单位"，＊＊＊＊，"化验室"：＊＊＊＊

图 5-7　VTP 软件的开始界面

"样品编号","温度","K","Na","Ca","Mg","Cl","SO₄","密度","矿化度"

第四行为数据：样品编号，温度，K，Na，Ca，Mg，Cl，SO₄，密度，矿化度

取样说明：若没有则填 0，表 5-1 为多样品计算输入文件示例。

表 5-1　多样品计算输入文件示例

浓度单位	mol/L	项目名称	盐湖驱动							
送样单位	中国地质大学（北京）	化验室	中国地质环境监测院实验室							
样品编号	温度	K	Na	Ca	Mg	Cl	SO₄	密度	假设矿化度/（g/L）	
K I 2-0	14	0.060	0.185	0.082	2.805	5.778	0.081	1221	290.18	
K I 2-1	21.8	0.467	0.65	0.035	3.074	7.187	0.039	1265	366.952	
K I 2-2	20	0.480	0.61	0.035	3.138	7.280	0.036	1265	371.509	
K I 2-3	19	0.517	0.539	0.029	3.188	7.340	0.030	1266	373.862	
K I 2-4	20	0.565	0.437	0.022	3.263	7.440	0.022	1273	377.625	

多样品计算输出文件的格式如下：

"项目名称"，＊＊＊＊

"送样单位"，＊＊＊＊，"化验室"：＊＊＊＊

"样品个数"，＊＊＊＊，浓度单位，mol/kg

"样品编号","温度"，活度积，饱和度，K，Na，Ca，Mg，Cl，SO₄ 质量摩尔浓度，各离子活度系数，密度，矿化度，离子平衡误差，矿化度误差，取样说明

表 5-2 为批量样品计算输出文件示例。

在计算时还可以单击使用向导来查看输入格式的要求。

表 5-2　批量样品计算输出文件示例

浓度单位	mol/L	项目名称	盐湖驱动
送样单位	中国地质大学（北京）	化验室	中国地质环境监测院实验室
样品数量	5		

| 计算结果 | | 活度积 | | | 活度积/溶度积 | | | 活度系数 | | | | | | 参数 | | | |
样品编号	温度	AH_2O	KCl	NaCL	$KMgCl_3$	KCl	NaCl	$KMgCl_3$	K	Na	Ca	Mg	Cl	SO_4	相对密度	矿化度	离子平衡误差	TDS误差
K I 2-0	14.000	0.689	0.791	5.896	273.171	0.135	0.167	0.02	0.43	1.03	0.56	1.311	4.525	0.487	1221.8	290.188	0.007	0.002
K I 2-1	21.800	0.586	9.263	43.929	11916.421	1.274	1.186	0.67	0.36	1.22	1.29	3.842	6.014	0.237	1265.8	366.952	0.006	0.002
K I 2-2	20.000	0.574	9.879	46.008	15473.336	1.424	1.255	0.916	0.34	1.25	1.37	4.343	6.425	0.261	1265.8	371.509	0.006	0.002
K I 2-3	19.000	0.569	10.808	42.918	18640.537	1.600	1.178	1.137	0.33	1.26	1.39	4.556	6.641	0.276	1266.9	373.862	0.006	0.001
K I 2-4	20.000	0.565	12.243	36.666	22540.783	1.765	1.001	1.334	0.33	1.28	1.41	4.603	6.828	0.27	1273.6	377.625	0.006	0.002

5.3 室内溶矿实验

室内溶矿实验是采用一定的溶剂来溶解固体盐矿，可分为动态溶矿实验和静态溶矿实验。动态溶矿实验是在溶矿前取固体样，溶矿过程中控制溶剂的流量，并在一定的时间间隔取固体样，溶矿实验结束后再次取固体样；通过控制溶剂的流入量以及溶剂中的 K^+ 含量和溶出液的 K^+ 含量，可以计算整个实验过程对固体钾的溶出量，这个值应该与溶矿前后固体矿样中 K^+ 含量的减小值是相等的；同时，可以分析在不同的实验阶段，溶剂对固体矿样的主要溶出矿物。静态溶矿实验与动态溶矿实验的不同之处是溶剂一次性注入，浸泡固体样品一段时间后排出，获取溶剂与矿样重量比、浸溶时间等因素对固体钾盐溶出率的影响。

5.3.1 实验设计

室内实验用物理模型近似模拟野外条件，用不同溶剂驱动溶解不同品级的原状固体钾矿，通过注入溶剂，对溶出液和固体矿样进行采集、测试，测量水文地质参数、体系温度等，研究驱动溶解过程中的固液转化规律、液相成分的时空变化特点、影响驱动溶解效果的因素及固相介质水文地质参数的变化等。

本次实验的目的是以调制后的涩聂湖湖水作为室内实验溶剂，对比不同流量的溶矿速度及溶矿率，研究驱动溶解别勒滩低品位固体钾矿的机理，探索 Pitzer 理论在室内实验和工业生产中的应用，校正在室内实验和工业生产溶矿中宏观溶度积的修正系数。

1. 动态溶矿实验

动态驱动溶解实验借鉴了达西砂柱渗流模型方法，但模型制作工艺、试验目的、渗流机理与达西模型有很大不同。主要表现在：① 实验过程中，固相介质与液相溶剂之间产生强烈转化，因此，本实验不仅要模拟驱动溶解的渗流特征，更主要的是确定动态溶矿规律，所以介质必须是原状矿样；② 溶剂是黏滞性较高的卤水，在水头差与流量都很小的状态下，难以使它们保持恒定，且溶出液样品采集数量与溶出液流量相比较大时，溶出液样品的采集会影响溶矿过程的持续进行。

1）实验装置

考虑到动态驱动溶解实验的主要目的是确定动态溶矿规律，使渗流场和边界条件尽可能简单，更容易做到工艺流程的严密合理，因而设计制作了一维圆形矿柱模型，模型是用某种溶剂持续驱动溶解单一矿柱，主要目的是研究驱动溶解过程中水文地质参数的变化、溶剂类型和矿样品级对驱动溶解效果的影响等。

实验装置主要由 3 部分组成：溶剂供给系统、溶矿系统和取样系统，如图 5-8 所示。装岩样的容器为特制的塑料盒，由塑料板加工制作而成，塑料盒容积设计为 20cm（长）×20cm（宽）×40cm（高），底端和顶端分别有溶剂注入管和溶剂流出管，溶剂输送管内径为 1.5cm，伸出容器外 5cm，其结构见图 5-9。容器之间用胶皮管连接，塑料盒的底部铺约 5cm 砂砾石作缓冲层。实验岩块与容器（塑料盒）间的空隙部分用玻璃胶填充。

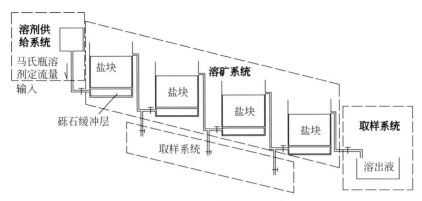

图 5-8　室内溶矿实验流程示意图

塑料盒四周需固定，以防注入溶剂后塑料盒变形，使容器壁和岩块之间产生缝隙，形成优势通道。该实验装置为无压系统，为了保证上一级岩块中的溶出液畅流到下一级的岩块中，设计岩块逐级下降（图 5-8）。当溶剂流量较大，即 $Q=0.95\text{mL/s}$ 时，用达西定律计算得到 $\Delta H=0.28\text{cm}$，考虑沿程水头损失、局部水头损失，以及岩块致密性可能导致渗透系数减小等因素，设计岩块高程级差为 12cm。

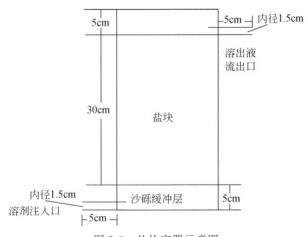

图 5-9　盐块容器示意图

取样系统定期收集溶出液、采集水样、计算溶出液的体积。

2）实验岩（盐）块采集与制备

取样地点选择在别勒滩野外试验区开挖补水渠道处。挖机在开挖渠道时，取深度在 1.0~2.0m 的盐块，所取岩块连续，能够反映矿区固体盐层的实际情况，并且取盐块时记录盐块所取得层位。

野外取到岩块根据 PVC 塑料盒的规格在室内用砂纸打磨，室内溶矿实验需要 8 块岩块，实际准备了 12 块。

3）装置连接

实验装置的连接见图 5-10。

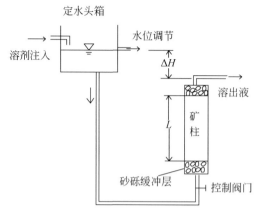

图 5-10　实验装置连接概图

4）溶剂

使用塑料桶取别勒滩补水渠道中的卤水 100L（20L×5 桶）运回实验室作为溶剂。

5）溶矿实验

在实验进行前，先进行一组模拟实验，查看容器与胶皮管之间的连接是否紧密，如果有漏水的现象，则应重新连接。

在实验过程中，马氏瓶中的水位尽量保持变化不大，以保证溶剂的流量相对稳定。每次取样时，要测量终端容器中溶出液的体积以计算平均流量。取样体积 50mL，样品编号使用格式为 ZCRCY-1-1，ZCRCY 表示室内增程溶矿的溶出液，第一个 1 表示第 1 次统一取样，第二个 1 表示第 1 个取样口。测试项目包括：K^+、Na^+、Ca^{2+}、Mg^{2+}、Cl^-、SO_4^{2-}。

溶矿实验完成后，取溶解后的固体盐块测试其化学组分，取样体积 $0.05cm^3$。

6）实验流程

具体实验流程如图 5-11 所示。

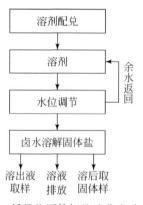

图 5-11　低品位固体钾盐液化实验流程图

2. 静态溶矿实验

静态溶矿实验与动态溶矿实验同步进行，所用岩块大小、塑料盒规格与动态实验相同。具体做法是在已知化学组成的定量固体矿样中，注入一定数量和浓度的溶剂，一定时间后，测量溶液体系的温度，分离固相和液相并测定它们的化学组成。

每 6 小时取一次样，取样量为 50mL，取样后更换新的溶剂。预计每次溶剂用量为 2.4L，但考虑到岩块的孔隙度可能不是恰好 20%，以及在加溶剂时可能出现未被充满的情形，因此加溶剂时从塑料盒的下部注入，让溶剂由下而上缓慢注满岩块的孔隙。

用溶剂来溶解固体样，每 6 小时换一次溶剂，换溶剂时进行取样。

5.3.2 实验过程

1. 材料准备

备好 PVC 塑料桶、PVC 塑料管、软塑料管、三开阀门、量器、取样瓶、温度计、取样瓶与记录本等实验用具。

2. 配制溶剂

采用涩聂湖湖水与淡水以不同比例混合（表 5-3）。

表 5-3 溶剂配制表

溶剂	配比	备注
溶剂一	涩聂湖湖水	涩聂湖湖水配制
溶剂二	涩聂湖湖水∶淡水＝1∶1	

3. 固体样制备

别勒滩实验区的固体矿样，由于盐层结构较松散，加之集卤渠的疏干使晶间卤水埋深大于 4m，卤水面以下难以采集原状矿样，因而实际在距地表 1m 以内被疏干的盐层内采样。

实验采用固体样为两种，即柱状样和粉碎样，用编织袋拉回实验室后，化验其离子成分。

将室内加工好的原状矿样两端切割整齐并测量其体积，然后用浸过蜂蜡的热纱布将侧面包严包紧，垂直放入下部垫有规定体积石英砂的有机玻璃外壳中，在矿样与外壳的空隙中注入熔化后的蜂蜡加以密封，待冷却后，从侧面打孔至矿样中心，插入测压管并密封。

单矿柱和多矿柱驱动溶解进行矿柱预饱和测试，用定水头供水器从底部缓慢注入原卤，至固体矿样顶面有卤水渗出即可关闭下部注卤阀门，记录所用原卤的体积，用以计算矿样的孔隙度。

4. 实验操作

（1）连接实验装置，注卤端与溶出液流出端保持适当的水头差即可开始实验。

（2）实验开始时，没有进行预饱和的矿柱，应记录矿样顶端有溶出液渗出时所注入的溶剂数量。

（3）单矿柱驱动溶解实验的操作相对较为简单，但要求溶出液流量很小且尽可能保持稳定，因而水头差的控制较难掌握。

（4）多矿柱驱动溶解实验的流量及水头差较易控制，但水头差很容易产生假象。这是由于预饱和及注卤过程中很难彻底排除底矿柱中的空气，采集溶出液样品时也很容易使空气混入，所以矿柱间的导管及测压管内极易产生气泡，实验开始时要彻底排除气泡，实验过程中应及时排除气泡。

（5）实验一旦开始，就要按照一定的时间序列（时间间隔逐渐增大）采集溶出液样品，采样之前测量溶剂及溶出液温度、流量，记录测压管水头差。

（6）溶剂箱中每添加一次溶剂之前，采集一个样品，这样除第一个溶剂样品外，其余溶剂组分含量代表了取样时刻之前所注入溶剂的特点。

（7）由于不能及时得到溶出液分析结果，因此，当注入溶剂总量与矿样总体积之比超过20时，结束试验。这样，单矿柱驱动溶解时间一般在8~14h，多矿柱驱动溶解时间一般在40~48h。

（8）共开展8组实验，各组可溶性实验中所用溶剂、溶矿时间等参数见表5-4。

表5-4　各组实验情况明细

组号	溶剂	固体样	流速/(mL/s)	取样间隔/h	实验时间/h	类型
1	溶剂一	固体样	0.47	2	2	动态
2	溶剂二	固体样	0.917	2	80	动态
3	溶剂二	粉碎样	0.5	0.5	6	动态
4	溶剂一	粉碎样	0.5	0.5	6	动态
5	溶剂一	粉碎样	0.2	1	15	动态
6	溶剂一	粉碎样	—	1	4	静态
7	溶剂一	粉碎样	—	1	6	静态
8	溶剂二	粉碎样	—	1	6	静态

5. 数据测试

试验结束后，测量给水度，分析驱动溶解后的固体矿样。

测试卤水样和固体样指标，其中固体样又分为溶解前的样品和溶解后的样品；测试项目包括：K^+、Na^+、Ca^{2+}、Mg^{2+}、Cl^-、SO_4^{2-}、TDS。

5.3.3　数据分析

1. 固体样中钾含量变化

实验数据见表5-5、图5-12。

表5-5　实验前后固体样中 K^+ 品位对比表　　　　　　　（单位：%）

实验分组	2-1	2-2	2-3	3	4	5	6	7	8
实验前	0.01	0.02	0.02	0.03	0.03	0.03	0.05	0.04	0.03
实验后	0.02	0.02	0.03	0.02	0.03	0.02	0.02	0.02	0.01

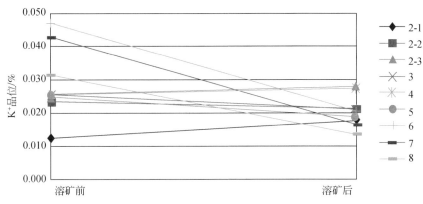

图 5-12   各组实验溶矿前后 K⁺品位对比图

可见，溶矿前后大部分盐块中的钾盐品位发生了降低，说明盐块中的含钾矿物被溶出。同时，盐块中的 K⁺的品位非常低，多在 0.01% ~ 0.05%；这是由于实验岩块取自别勒滩试验区干盐湖表层（地下岩层，尤其是潜卤水水位以下的盐样多破碎，不成块），可能受到降水的溶解而导致其中 K⁺的品位变低。

2. 溶出液中钾浓度对比

第 2 组实验的第 1、2、3 级溶矿卤水 K⁺浓度与溶剂 K⁺浓度变化历时曲线图（图 5-13）显示，在实验前期，溶出液中 K⁺浓度较低，甚至低于溶剂中 K⁺浓度，说明在实验前期，溶剂中的 K⁺有所析出。到实验中后期，溶出液中 K⁺浓度开始升高，到实验后期，溶出液中 K⁺浓度高于溶剂中 K⁺浓度，说明此时溶剂开始溶解固相中的含钾矿物。

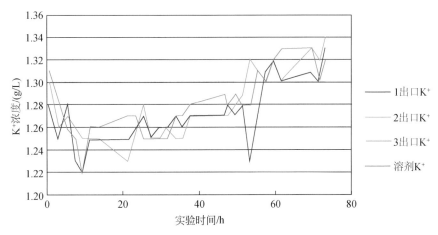

图 5-13   第 2 组实验 1、2、3 级溶矿液与溶剂 K⁺浓度对比图

对比第 4 组溶矿实验和第 6、7 组溶矿实验溶剂与溶出液 K⁺浓度变化，溶出液的 K⁺浓度低于溶剂中 K⁺的浓度（图 5-14、图 5-15），这一现象的原因可能是固体盐块中钾盐品位太低，溶剂进入盐块后溶解了其他的固体矿物，导致含钾矿物的析出或溶剂中的钾被地层中的黏土吸附而降低。

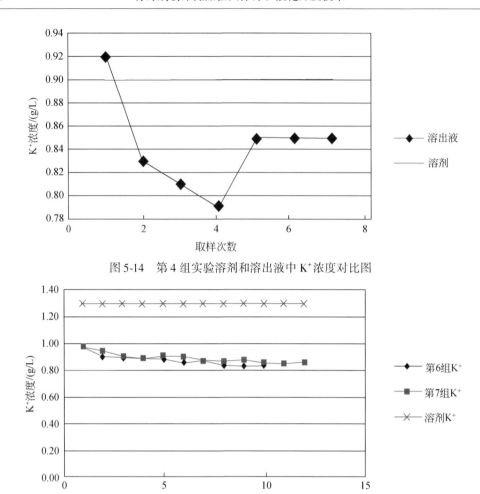

图 5-14　第 4 组实验溶剂和溶出液中 K^+ 浓度对比图

图 5-15　第 6、7 组实验溶剂和溶出液中 K^+ 浓度对比图

5.3.4　实验结果

本次在青海别勒滩现场开展的室内实验共 8 组，溶矿实验过程岩块中 K^+ 的品位变化降低，揭示出溶剂溶出了固相中的低品位钾盐。主要取得如下认识：

（1）实验样品的代表性问题：所取盐块位于地表，受到降雨的淋滤或丰水年洪水的漫灌，其含钾矿物的品位降低，导致溶出液中 K^+ 浓度比溶剂中低。

（2）溶矿实验流程设计问题：本次实验在设计时未充分考虑到地表岩块中钾盐品位过低，导致实验运行时间及取样间隔等参数设置不尽合理。以第 2 组实验为例，实验初期，溶出液中 K^+ 浓度降低，可能是由于含钾矿物被包含在石盐骨架中，随着实验的进行，到实验后期，包围含钾矿物的石盐骨架被溶开，含钾矿物得到了溶解，溶出液中 K^+ 的浓度有了升高，并且超过了溶剂中 K^+ 的浓度，说明开始溶解固相中的盐块，如果继续延长实验时间，则固相中含钾矿物的溶解会表现得更加明显。建议进一步优化溶剂配比、加大监测步长和延长实验持续时间。

（3）溶剂物质含量问题。溶剂中光卤石不饱和是其溶矿的根本条件，KCl 含量低并不一定有很好的溶矿效果。从室内溶矿实验可以看出，选取的溶剂要求高钠低钾。钾肥厂尾液具有较好的溶矿效果，并且成本低，易取得，所以合理利用尾液作为驱动溶解的溶剂是可行的。经室内溶矿实验，得出驱动液化溶矿的较为理想的溶剂的含量特征为 KCl 质量分数 0 ~ 2.40%，NaCl 为 15% ~25%，$MgCl_2$ 为 5% ~8%，矿化度在 230 ~270g/L。溶剂中 K^+ 的含量越低，比较容易溶出固体 K^+；Na^+ 的含量不能太低，太低会溶解盐层骨架，但同时也不能太高，太高会导致结盐；Mg^{2+} 的含量不能太高，太高会影响固体 K^+ 的溶解。

5.4　野外静态溶矿试验

近年来，青海盐湖工业股份有限公司在驱动溶矿方面做了大量的试验工作，有部分成熟技术已应用于矿区采卤生产。2006 年公司在别勒滩区段进行了大型静态溶矿试验，利用优选配置溶剂，连续十次对矿体进行平衡溶解，历次溶出液都基本达到了溶解平衡状态，试验采集了完整系列数据。根据此次试验资料，利用本次研发的 Pitzer 平衡溶矿模型，模拟整个溶矿过程，以检验 Pitzer 平衡溶矿在溶矿驱动采卤工艺中的应用前景。

5.4.1　试验简介

静态试验区为回填黏土防渗坝围成，四周隔水封闭，底部为隔水黏土层，形成一封闭的试验空间（图 5-16）。盐田有效面积为 1025m^2，盐层平均厚度为 1.2m，盐层体积为 1230m^3。

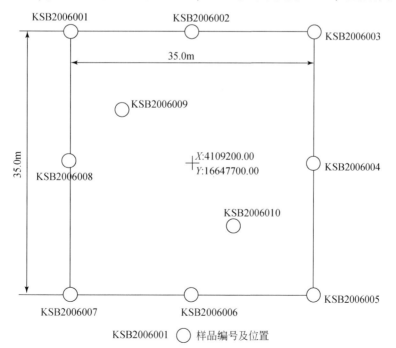

图 5-16　静态溶矿试验区取样点位置图（来自青海盐湖工业股份有限公司技术中心）

试验前，抽干（排空）原位晶间卤水，注入人工配置的高镁组分溶剂，待充分溶解平衡后，抽出溶解平衡后卤水送试验室分析卤水组分。

据历次注、排卤水平衡溶矿试验数据分析，盐层平均有效孔隙度为25.78%、给水度17.49%、持水度8.29%。试验前固相矿物组分含量见表5-6，试验后残余固相矿物组分含量见表5-7，历次注入溶剂各组分浓度见表5-8，溶出液浓度见表5-9，历次累积钾的溶矿率见表5-10。

表5-6 试验前固相矿物组分含量分析表   （单位：kg/m^3）

样品编号	取样位置	KCl	NaCl	CaSO₄	MgCl₂
KSB2006003	东坝北段	26.947	1636.863	60.391	25.800
KSB2006004	东坝中央	37.078	1630.269	58.514	24.139
KSB2006005	东坝南段	161.849	1516.731	28.607	42.814
KSB2006001	西坝北段	96.693	1574.315	49.679	29.313
KSB2006008	西坝中央	42.819	1631.528	54.916	20.737
KSB2006007	西坝南段	116.829	1568.182	41.886	23.103
KSB2006002	北坝中央	21.552	1642.045	69.511	16.892
KSB2006006	南坝中央	104.104	1568.405	51.073	26.417
KSB2006009	试验区西北部	38.087	1629.124	56.930	25.859
KSB2006010	试验区东南部	52.094	1616.427	63.161	18.319
平均		69.805	1601.389	53.467	25.339

表5-7 试验后残余固相矿物组分含量分析表   （单位：kg/m^3）

样品编号	取样位置	KCl	NaCl	CaSO₄	MgCl₂
KSB2006003	东坝北段	36.634	1628.778	31.695	52.893
KSB2006004	东坝中央	12.386	1621.660	58.511	57.444
KSB2006005	东坝南段	9.651	1645.306	36.716	58.326
KSB2006001	西坝北段	10.037	1619.296	68.080	52.587
KSB2006008	西坝中央	6.544	1639.385	57.207	46.864
KSB2006007	西坝南段	8.750	1633.542	58.542	49.167
KSB2006002	北坝中央	7.993	1657.161	48.161	36.685
KSB2006006	南坝中央	7.667	1654.677	45.796	41.859
KSB2006009	试验区西北部	9.525	1645.229	33.442	61.805
KSB2006010	试验区东南部	9.519	1646.138	35.749	58.594
平均		11.87	1639.12	47.39	51.62

表 5-8　历次注入溶剂各组分浓度表

试验次数	相对密度	主要组分浓度/（g/L）					
		K^+	Na^+	Ca^{2+}	Mg^{2+}	Cl^-	SO_4^{2-}
1	1.209	1.27	29.99	1.23	54.44	206.15	2.96
2	1.206	3.43	32.46	0.74	51.12	202.26	1.77
3	1.218	4.66	31.96	0.47	55.42	215.14	1.13
4	1.215	2.69	31.29	0.37	55.81	213.48	0.88
5	1.216	2.63	29.57	0.41	57.29	215.07	0.97
6	1.216	7.18	33.94	0.56	52.11	210.82	1.34
7	1.215	5.28	42.40	0.51	47.23	207.91	1.21
8	1.217	6.72	33.98	0.37	52.83	212.58	0.89
9	1.218	5.63	42.39	0.00	48.59	212.17	0.00
10	1.216	5.01	46.27	0.29	45.40	208.30	0.69

表 5-9　历次平衡溶矿溶出液各组分浓度表

试验次数	相对密度	每升卤水主要组分质量/g					
		K^+	Na^+	Ca^{2+}	Mg^{2+}	SO_4^{2-}	Cl^-
1	1.243	35.38	43.51	1.16	41.42	2.77	219.96
2	1.243	30.56	32.80	0.52	51.27	1.25	227.80
3	1.239	24.75	30.48	0.52	54.15	1.26	227.36
4	1.237	23.78	30.04	0.66	54.07	1.58	225.57
5	1.24	23.08	28.47	0.37	56.76	0.89	230.37
6	1.232	17.02	31.67	0.36	54.75	0.87	223.93
7	1.224	10.15	35.00	0.41	53.00	0.98	217.75
8	1.224	11.64	33.22	0.00	53.78	0.00	218.64
9	1.22	7.46	39.37	0.18	50.22	0.44	213.94
10	1.22	7.28	38.86	0.94	49.98	2.25	212.29

表 5-10　历次累积钾的溶矿率表

序次	单次 K^+ 溶矿率/%	累积 K^+ 溶矿率/%
1	20.29	20.29
2	17.73	38.02
3	9.69	47.71
4	15.87	63.58
5	10.42	74.00
6	7.84	81.84
7	3.40	85.24

序次	单次 K^+ 溶矿率/%	累积 K^+ 溶矿率/%
8	2.23	87.47
9	0.56	88.03
10	1.61	89.64

5.4.2　耦合模型分析溶矿特征

利用水动力弥散平衡溶矿耦合模型，分析驱动溶矿各因素对溶矿的影响，总结规律，科学指导采矿生产。

青海盐湖工业股份有限公司年产约 300×10^4 t KCl（2010 年），排放老卤（主要为 $MgCl_2$ 溶液）约 $0.8 \times 10^8 m^3$，老卤是良好的溶剂资源，应充分利用老卤资源配置溶剂。按一定比例勾兑的老卤溶剂，对含钾矿物有较强的溶解能力，而对钠石盐溶解能力较弱，如此，既可保护石盐骨架、防止塌陷，也解决了废液排放问题。

参照青海盐湖工业股份有限公司优选试验结果，溶剂中 $MgCl_2$ 含量在 16% ~ 22% 时，同时具有良好的溶矿与保护石盐骨架的效果。配置四种不同浓度 $MgCl_2$ 溶剂，用水动力弥散平衡溶矿耦合模型，分析不同 $MgCl_2$ 配比对溶矿效果的影响。

设定较简单的溶矿区域，注入溶剂和采卤均采用平行渠道，注卤、采卤渠间距设定为 1000m。考虑到渠系较长，可研究垂直于渠道二维剖面流的典型条件。

盐层地质-水文地质参数设定为：饱和晶间卤水盐层厚度8m；有效孔隙度20%；孔隙平均驱动速度 V_x 为 4m/d；盐层弥散度 α_L 为 10m。其他环境条件设定见表 5-11 ~ 表 5-13。

表 5-11　原晶间卤水浓度设定表　　　　（单位：mol/m^3 介质）

K^+	Na^+	Ca^{2+}	Mg^{2+}	Cl^-	SO_4^{2-}
195.18	303.62	9.35	415.30	1295.30	26.39

表 5-12　溶矿前矿物组成表　　　　（单位：mol/m^3 介质）

KCl	NaCl	$KMgCl_3 \cdot 6H_2O$	$K_2Ca_2Mg[SO_4]_4 \cdot 2H_2O$
685.0	27402.0	55	98.2

表 5-13　配置 $MgCl_2$ 溶剂组分表

序号	KCl	NaCl	$MgCl_2$	$CaSO_4$
1	0.3	8.0	16.0	0.3
2	0.3	7.0	18.0	0.3
3	0.3	6.0	20.0	0.3
4	0.3	5.0	22.0	0.3

利用溶矿驱动耦合模型对上述四种配比溶剂进行模拟，主要模拟结果见图5-17～图5-24。

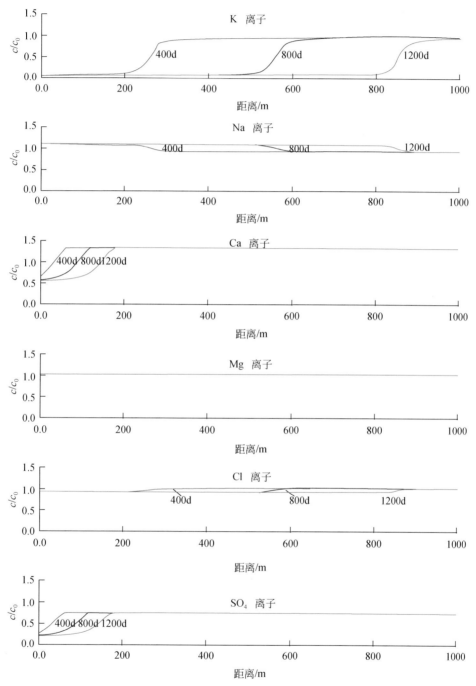

图5-17 溶剂配比1-溶矿驱动晶间卤水离子变化曲线图

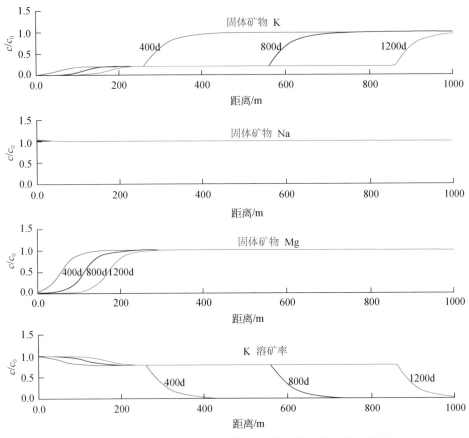

图 5-18　溶剂配比 1-溶矿驱动固相组分与溶矿率变化曲线图

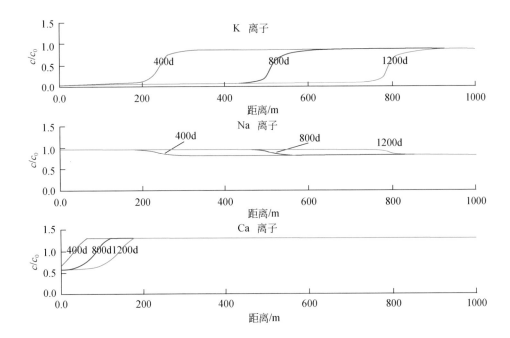

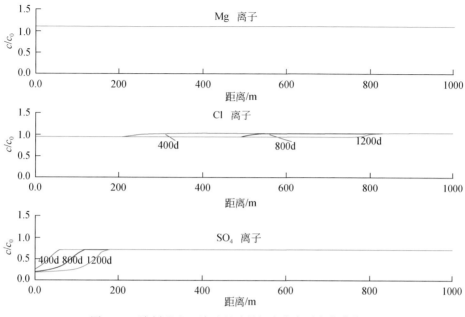

图 5-19　溶剂配比 2-溶矿驱动晶间卤水离子变化曲线图

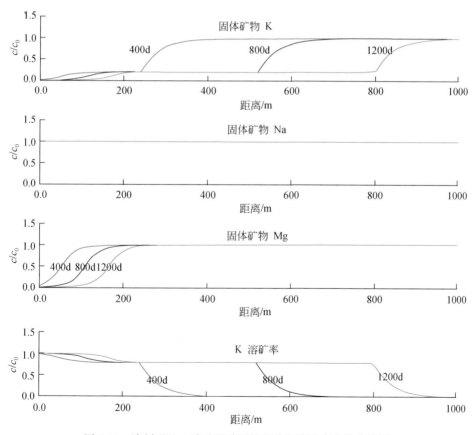

图 5-20　溶剂配比 2-溶矿驱动固相组分与溶矿率变化曲线图

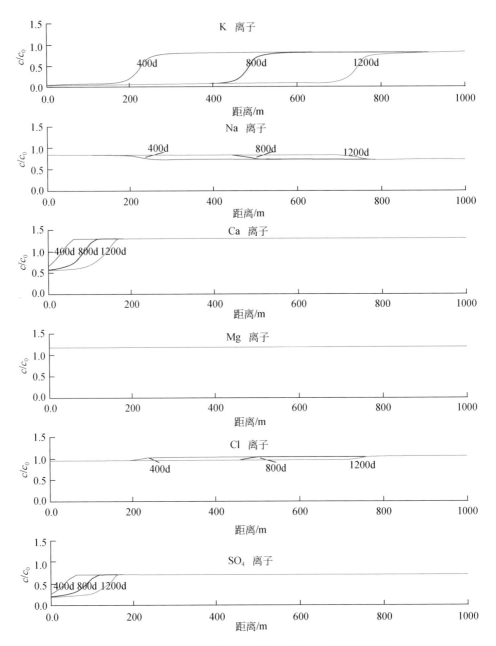

图5-21 溶剂配比3-溶矿驱动晶间卤水离子变化曲线图

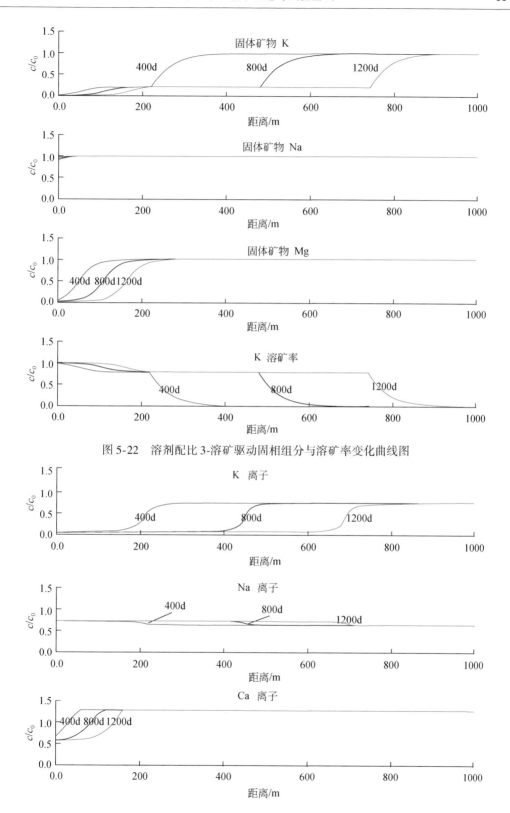

图 5-22　溶剂配比 3-溶矿驱动固相组分与溶矿率变化曲线图

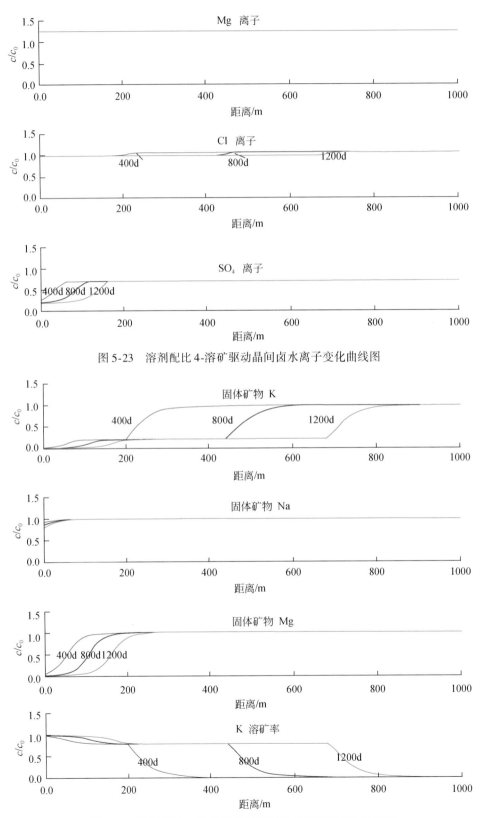

图5-23 溶剂配比4-溶矿驱动晶间卤水离子变化曲线图

图5-24 溶剂配比4-溶矿驱动固相组分与溶矿率变化曲线图

不同配比溶剂，低浓度溶剂对晶间卤水锋面驱动数据见表 5-14；对固相矿物溶矿率锋面驱动数据见表 5-15；在溶矿率不小于 80% 的条件下，对不同配比溶剂需求量数据见表 5-16。

表 5-14、表 5-15 表明，对于某种固定溶剂，每 400d 晶间卤水锋面推动距离、对含钾固相盐层溶解采矿距离均相等，表明在驱动溶矿采卤的模式下，注、采卤渠距离不影响锋面推动速度，推动速度仅受注卤流量大小（或卤水的水力坡度）的控制。不同溶剂，由于溶矿能力的差异，锋面推进速度不同。

表 5-14　不同配比溶剂驱动晶间卤水锋面距离表　　　　（单位：m）

配比序号	400d 驱动距离	800d 驱动距离	1200d 驱动距离	每 400d 平均驱动距离
1	264	560	854	295
2	242	513	791	274
3	224	483	741	258
4	208	449	690	241

表 5-15　不同配比溶剂对固相钾溶解采矿距离表　　　　（单位：m）

配比序号	400d 溶矿距离	800d 溶矿距离	1200d 溶矿距离	每 400d 平均溶矿距离
1	294	593	891	298.5
2	273	551	830	278.5
3	254	513	773	259.5
4	236	478	720	242.0

表 5-16　不同配比溶剂采矿需求量分析表

配比序号	单宽盐层 400d 注入溶剂体积/m³	400d 平均溶矿距离/m	单宽盐层 400d 溶解固矿体积/m³	溶剂需要倍率
1	2560	298.5	2388	1.072
2	2560	278.5	2228	1.149
3	2560	259.5	2076	1.233
4	2560	242.0	1936	1.322

表 5-16 数据表明，驱动溶矿所需溶剂数量（在溶矿率不小于 80% 的条件下），与固相盐层矿物含钾量、溶剂溶钾能力有关，所需溶剂体积倍率可按下式估算：

$$QDM = \frac{OMK \times 95\%}{1000 \times FDR}$$

式中，QDM 为溶剂体积倍率；OMK 为固相盐层矿物含钾量，mol/m³；FDR 为溶剂总溶钾能力（mol/L），由 Pitzer 平衡溶矿模型计算（表 5-17）。

表 5-17　**Pitzer 平衡溶矿模型分析不同配比溶剂溶钾能力结果表**

配比序号	总溶钾能力/(mol/L)	溶易溶钾/(mol/L)	溶杂卤石钾/(mol/L)
1	0.837	0.819	0.0177
2	0.772	0.755	0.0176
3	0.716	0.698	0.0174
4	0.664	0.647	0.0169

5.4.3　Pitzer 理论分析试验过程

利用平衡溶矿程序包 Chem_Equation，模拟整个溶矿试验过程。输入试验前固相矿物组分和历次注入溶液的化学组分，可模拟出历次溶矿平衡后的液相化学组分。

在静态试验的疏干排水过程中，不可能全部排出孔隙中的卤水；单位体积盐层中，不能排出的剩余卤水体积等于"持水度"；新注入溶剂体积，仅为疏干腾空的"给水度"体积。因此，平衡溶矿程序包 Chem_Equation 不能直接输入注入溶剂的各组分浓度，应处理为上次溶矿平衡"残留"液浓度与新注入溶剂浓度的体积加权平均值。

在溶矿过程中，各种矿物的比表面积不同，因此，Pitzer 高浓度卤水理论需要用试验数据进行检验，必要时进行适应性修正。在原始试验数据中，含有待定模型参数，主要包括：固相含钾矿物比例组合，理想溶液饱和溶度积在溶矿中是否适用。

试验前不同固相矿物含量的实际比例是未知的，其数值是人为主观"配盐"结果，具有多解性。以含钾矿物为例，既可认为全部由 KCl 组成，也可认为是钾石盐、光卤石的组合，甚至是钾石盐、光卤石、杂卤石的组合。不同配盐结果虽然都能使离子平衡，但不同盐分的溶解性不同，导致溶矿效果不同。

模拟分析表明，在含钾矿物中，假若不含一定比例较难溶的杂卤石，无论怎样调整模型控制参数，都无法实现第 7～10 次单次溶矿率很低的溶矿过程，只有 70%～90% 的 $CaSO_4$ 与钾、镁离子组合为杂卤石时，模拟钾的单次溶矿率与累计溶矿率，才与实际溶矿试验一致，参见表 5-18、表 5-19、图 5-25、图 5-26。

表 5-18　**静态溶矿试验过程模拟结果表**

序次	液相离子组分/(mol/m³)						固相矿物组分/(mol/m³)				累计溶矿率/%
	K^+	Na^+	Ca^{2+}	Mg^{2+}	Cl^-	SO_4^{2-}	钾石盐	钠石盐	光卤石	杂卤石	
1	251	394	11.7	526	1689	15.6	426	27393	178	81	18.2
2	251	394	11.1	527	1688	16.5	286	27403	163	79	35.4
3	251	394	10.4	528	1686	17.7	78	27371	212	75	53.1
4	162	333	10.2	602	1683	17.7	0	27386	200	71	63.5
5	118	294	10.2	649	1695	17.3	0	27425	152	68	69.4
6	139	316	10.3	623	1685	17.4	0	27470	101	64	75.6
7	132	348	10.3	595	1654	17.6	0	27560	36	60	83.3

续表

序次	液相离子组分/(mol/m³)						固相矿物组分/(mol/m³)				累计溶矿率/%
	K⁺	Na⁺	Ca²⁺	Mg²⁺	Cl⁻	SO₄²⁻	钾石盐	钠石盐	光卤石	杂卤石	
8	95	351	10.2	601	1632	17.8	0	27594	0	57	87.9
9	58	442	10.4	537	1557	18.2	0	27595	0	53	88.8
10	46	495	10.5	502	1529	18.5	0	27594	0	49	89.6

表 5-19　试验与模拟溶矿率对比表

序次	试验溶矿率/%		模拟溶矿率/%	
	累积	单次	累积	单次
1	20.29	20.29	18.20	18.20
2	38.02	17.73	35.37	17.17
3	47.71	9.69	53.05	17.68
4	63.58	15.87	63.45	10.40
5	74	10.42	69.38	5.93
6	81.84	7.84	75.55	6.17
7	85.24	3.4	83.25	7.70
8	87.47	2.23	87.92	4.67
9	88.03	0.56	88.76	0.84
10	89.64	1.61	89.61	0.85

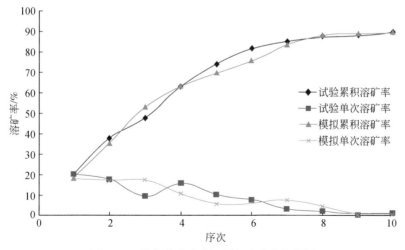

图 5-25　静态溶矿试验钾累积溶矿率拟合图

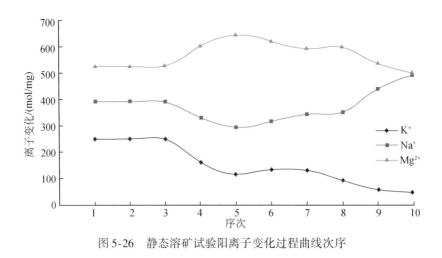

图 5-26　静态溶矿试验阳离子变化过程曲线次序

5.4.4　试验结果

（1）在含钾矿物中，杂卤石的比例对控制溶矿进程非常重要，杂卤石溶解度较低，在沉积顺序上，当杂卤石析出后，钾石盐和光卤石才以薄层状或浸染状分布于钠盐骨架中。因此，在盐层中钾石盐和光卤石在没有完全溶尽之前，一直保持较高的单次溶矿率；当易溶钾矿物基本溶尽之后，矿物中虽仍含有一定比例的钾，但因杂卤石溶解度较小，单次溶矿率急剧降低，由前 5 次平均溶矿率 15%（高效溶矿阶段），至后 4 次骤减为不到 2%，进入低效溶矿阶段。

（2）通过 Pitzer 平衡溶矿分析发现，前几次溶矿浸出液的 KCl 相对溶解饱和度在 90%以上，用理论上的饱和溶度积 K_{sp} 来推算 KCl 的溶解性，具有较好的精度；而光卤石的相对饱和度仅 50%左右，与理论上的饱和溶度积 K_{sp} 差别较大。据此推测，封闭试验区易溶于含钾矿物中，钾石盐占有较高的比例，且比表面积大，符合薄层状或浸染状沉积特征，相对而言，光卤石比例相对较低。

（3）Pitzer 平衡溶矿模拟，较好地再现了静态封闭溶矿过程，表明 Pitzer 平衡溶矿模型可用于矿区溶矿研究，为溶矿驱动耦合模型奠定了基础。

第6章　单级驱动溶矿工程试验

基于别勒滩研究区的水文地质条件，结合示踪技术求得晶间卤水的渗透流速与流向、渗透系数、有效孔隙度等溶采所需的重要水文地质参数，开展野外溶矿工程试验（单级驱动溶矿），对指导晶间卤水的合理开采有重要的现实意义。

6.1　试验区水文地质特征

6.1.1　基本特征

别勒滩研究区盐层中石盐晶体之间有孔隙，较均匀、连通性好。钻孔岩心常见蜂窝状孔隙，盐层富含卤水，中部富水性最好，往外围盐层富水性逐渐变弱。

据青海省第一地质水文地质大队资料，以别达拱起附近的地下分水岭为界，别勒滩区段形成闭流盆地，该盆地地下水以汇聚辐射流动为特征，且因为地势平坦，地下卤水径流缓慢，平均水力坡度小于1‰。

天然条件下，晶间卤水的动态变化主要受气候与湖泊水位影响，K^+的含量与气温呈正相关的关系，Mg^{2+}的含量与矿化度呈正相关的关系。

6.1.2　晶间卤水补径排

别勒滩区段晶间卤水的补给来源主要是大气降水入渗、外围松散层孔隙水的侧向补给、来自下部的越流补给和大别勒湖、涩聂湖湖水的补给。虽然研究区地处西北干旱地区，年降水量小，但由于晶间卤水埋深小，降水对盐层具有溶解作用，大气降水可以入渗补给晶间卤水。含卤盐层与外围松散岩类孔隙水直接接触，晶间卤水地处盆地最低处，是地表水和地下水的汇集中心，可以获得外围松散岩类孔隙水的侧向补给。

天然条件下，晶间卤水的排泄方式主要是蒸发和向湖泊排泄。研究区地处极端干旱地区，且卤水埋藏浅，因而，蒸发是其主要的排泄方式。枯水期涩聂湖和大别勒滩湖的水位下降，低于湖岸边晶间卤水水位，可导致晶间卤水向湖泊排泄。近年来，在别勒滩区段开挖若干渠道，在渠道的一端抽采晶间卤水，已成为盐层晶间卤水的重要排泄方式。

据环境同位素研究（李文鹏，1991），除表层晶间卤水受现代大气降水或地表水影响外，湖区孔隙潜水或上盐层晶间卤水年龄均大于10000年，说明从山前接受补给，运移至湖区排泄的过程是相当缓慢的。因湖区地下水位浅，在极缓慢的径流途中，大部分消耗于蒸发排泄。

大规模开采使晶间卤水改变了天然条件下的补给、径流与排泄特征。天然补给量大幅减少；径流方向集中向各采区漏斗中心流动，其形态受采卤渠系的展布控制；排泄以开采消耗为主、蒸发消耗为辅，承压水同潜卤水之间有水力联系，承压水通过越流补给潜水，承压水水头随开采引起的潜水位下降而下降。潜卤水的水位变化主要受开采影响，还受到地层结构的影响，漏斗形态受采卤工程和补水工程的共同影响。2016 年开采漏斗在平面上面积扩大，在剖面上水位下降。

晶间潜卤水化学组成在各采区的水平分异和垂直分异特征明显，其变化受补给与开采的双重影响。在采卤过程中，不同卤质的相互掺杂兑卤也引起卤水组分的变化。监测数据表明，采区周边靠近补给区卤水 KCl 含量在降低，$MgCl_2$ 亦在降低，NaCl 含量在升高。而矿区内部封闭地带中，随着开采的延续，卤水密度和 $MgCl_2$ 缓慢升高，KCl、NaCl 出现缓慢变化，SO_4^{2-} 含量稍有升高。

6.2　驱动溶矿动力学特征

6.2.1　化学示踪技术及测量结果

1. 示踪试验设计

本次设计采用化学示踪技术测定别勒滩区段地下水的流向和实际流速。

基本原理：在地下水水位线图上确定出水流的大致方向，在其上游投放示踪剂，下游进行取样监测，为了保证试验的成功率，通常是在下游布置一组观测孔（图6-1）。投源孔与检测到示踪剂观测孔的连线方向即为地下水的流向，通过分析检测孔示踪剂的浓度及运移时间，即可算出地下水的实际流速。

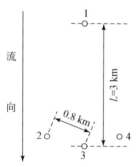

图6-1　化学示踪试验场地布置示意图
1. 投源孔；2、4. 辅助观测孔；3. 主要观测孔

1）示踪剂的选择
选择示踪剂的总体要求是：
（1）不能和测定水体中的元素产生化学作用；
（2）不能被水体中的固型物质（如黏土等）所吸附；
（3）化学性质稳定，不易分解；

（4）容易检测，且检出限低；

（5）无毒、廉价、容易购买；

（6）待测水体中不含或含量很少。

根据新疆罗布泊盐湖开展的示踪实验及实际效果分析（王弭力等，2001），对可选用的示踪剂硫氰酸铵（NH_3SCN）、亚硝酸钠（$NaNO_2$）、钼酸铵［$(NH_4)_2MoO_4$］、碘化钾（KI），综合考虑示踪剂的成本、分析测试的设备、检测的灵敏度及检测的难易程度，以及示踪剂在一定时间范围的稳定性，本次试验首选示踪剂为亚硝酸盐。

示踪剂投放量由下列公式估算：

$$M = \pi R^2 \times H \times k \times a \times \theta / 360 / (1 + \beta L)$$

式中，R 为投源孔到观测孔的距离，m；H 为含水层的厚度；k 为含水层的孔隙度；a 为示踪剂的检出限；θ 为投源孔到检测孔的夹角（示踪剂弥散）；β 为检测试剂扩散系数；L 为地下水的流速。

2）试验场布置及示踪剂的投放方案

化学示踪剂的投放不能选择在溶剂注入的源头，主要原因有三个：一是根据总体设计及试验地层的实际情况，补水渠水源（溶剂）下渗，并向渠道两侧运移，这样会加大示踪剂的投放量；二是考虑到化学示踪试验结果的准确性及代表性，补水渠附近受水量（溶剂）大小变化的影响，流场的稳定性差；三是提高试验的效率和成功率。将化学示踪剂投放位置选在 ZKS_2T_1 孔中。

根据水动力参数分析，试验区渗流方向几乎与溶剂注入渠走向垂直，为 86° ~ 88°，为可靠起见，在下游布置 3 排观测井，一排位于注入渠垂直线上，另两排分布在垂直线两侧，设置夹角为 50°线上。

ZKS_2T_1 为示踪剂的投放孔，根据投源孔至观测孔的距离，野外示踪试验分为小型试验、扩大试验，小型试验投源孔到观测孔的距离为 50m，扩大试验间距为 100m。J_{11}-A、J_{11}-B、J_2 为小型试验观测孔，S_2T_2、J_3 为扩大试验观测孔。

根据投放量的公式计算示踪剂数量，小型试验约 40kg（计算参数：检出限 10μg/mL，含水层厚度 5m，离散角度 30°，孔隙度 30%），考虑水流速度的影响，最少投放量 20kg，扩大试验投放量大大增加，计算量为 160kg。实际操作过程：取原地卤水或注入渠内溶剂作为溶解液，将示踪剂溶解在地表容器中，估计需要 5 ~ 10m³，除去析出盐后，注入 ZKS_2T_1 孔中。投放过程在尽可能短的时间内完成（控制在 3h 内），投放孔规格为孔径 400mm、深 4.00m。

3）示踪剂的检测

溶剂注入渠需运行一定时间，据水位监测结果，流场达基本稳定后，投放示踪剂。参照溶剂的预估流速，在示踪剂达到观测孔之前进行取样，并实时检测示踪剂的浓度，当测到最大峰值之后，继续取样分析直到出现浓度衰减平缓段之后结束。

取样间隔时间：小型试验在投放示踪剂 24h 后开始，取样间隔为 12h；扩大试验在投放示踪剂 120h 后开始，每天采样 1 次，采集的样品实时检测。

2. 野外化学示踪试验

1) 准备工作

(1) 高浓度卤水对分析结果的影响。本试验对亚硝酸钠的分析方法采用 1987 年颁发《地质矿产部地下水标准检测方法》附件中的检测试验方法。由于此方法是对应于地下水（低矿化度水）而制定，运用于高浓度卤水必须进行高浓度卤水的干扰试验。试验方法采用在同一含量的亚硝酸钠系列中加入不同量的氯化钠，试验表明在 25mL 溶液中含 0.5g 左右的氯化钠对结果影响不大，由于本试验中的分析取样最大 1mL，相当于氯化钠的含量为 0.33g 左右，故对分析结果无影响。

(2) 工业亚硝酸钠的有效含量。示踪试验用的亚硝酸钠为工业品，对其实际含量进行了分析鉴定。鉴定方法采用与分析纯试剂进行对比试验。分别称取相同量的工业亚硝酸钠和分析纯亚硝酸钠（同在干燥器干燥 24h）进行分析，鉴定结果为工业亚硝酸钠的含量 >95%。

(3) 高浓度卤水对亚硝酸钠的溶解性。本试验原定采用淡水溶解，但在小试中发现由于亚硝酸钠的溶解度很大（15℃时 100mL 水溶解量 >80g，$d=1.33$ 左右），溶液的密度增加较大，而且在与卤水混合过程中氯化钠被交换出（输卤渠卤水密度 1.20g/cm³ 左右），为了防止在投源孔投入高密度的亚硝酸钠溶液产生沉底和氯化钠析出而产生堵塞孔隙的现象，故采用输卤渠卤水溶解亚硝酸钠，其目的是溶液的密度增加不大而且卤水中的部分氯化钠被提前交换出来，可以防止堵塞孔隙现象的发生。经溶解实验 100mL 卤水可以溶解 >30g 的亚硝酸钠。

(4) 试验区亚硝酸钠本底的检测。投入亚硝酸钠前，为了解试验区卤水中亚硝酸钠的含量，进行了本底检测，检测样品为设计投源后的观测孔 J_{11}-A、J_{11}-B、J_2 和 ZKS_2T_2-B，取样时间为 2007 年 7 月 30 日（投源时间 8 月 3 日），检测结果显示亚硝酸钠的含量分别为 4.0mg/L、5.0mg/L、8.0mg/L、7.0mg/L。

(5) 投入亚硝酸钠量的计算及最终投入量。根据以往在罗布泊盐湖示踪试验的计算方法，选取计算参数为：检出限以 10μg/mL 计、含水层厚度 5m、离散角度 30℃、孔隙度 30%。考虑到水流速度的影响，最少投入量为 20kg。但根据实地考察，察尔汗盐湖别勒滩区段与罗布泊盐湖的地质结构相差巨大，即地层结构及孔隙度差异较大，别勒滩矿区孔隙发育，亚硝酸钠的迁移弥散度要远远大于罗布泊盐湖。而且，此试验区亚硝酸钠的本底值较高，因此，为保证试验能够捕捉到投入的亚硝酸钠，大大增加了其投入量（约 150kg）。

2) 投源过程

每袋亚硝酸钠 50kg，分别装入 3 个 50kg 规格的塑料桶，每桶亚硝酸钠 16kg 左右，共计 10 桶。注入卤水后充分搅拌，3 天后采用虹吸原理，将上部清液导入投入孔。投源孔为 ZKS_2T_1-B，井深 8m（原定投源孔 ZKS_2T_1-A，4m，当时为干孔，8 月 27 日取样时发现该孔中有水，井底周边水呈喷出状；9 月 4 日后又无水）。7 月 30 日溶解亚硝酸钠，8 月 3 日投入，投入时间 40min，投入前后水位无变化。

3）示踪剂检测分析

投入示踪剂亚硝酸钠，在其下游观测孔实时采样，检测卤水中 NO_2^- 含量。

现场采集样品分为 3 个阶段：第一阶段 8 月 3 日至 8 月 6 日，取样间隔为 6 小时，取样井孔为 J_{11}-A、J_{11}-B、J_2、ZKS_2T_2-B、J_3；第二阶段 8 月 7 日至 8 月 20 日，取样间隔为 12 小时，取样井孔仍为设定的监测井位 J_{11}-A、J_{11}-B、J_2、ZKS_2T_2-B、J_3；第三阶段 8 月 27 日至 9 月 30 日，取样间隔为 7 天，取样测试扩大为对试验区所有钻孔。

3. 示踪结果分析

1）试验区 NO_2^- 含量变化规律

（1） S_1 剖面（$ZKS_1T_1 \sim ZKS_1T_5$）的 NO_2^- 含量分布特征。$ZKS_1T_1 \sim ZKS_1T_2$ 处于 S_1T 系列高值区域，S_1T_1 随着时间延长含量逐渐增高，由 1.98mg/L 增至 4.80mg/L。而 ZKS_1T_2 从 8 月 27 日至 9 月 18 日，由 6.4mg/L 变为 6.0mg/L，含量基本稳定，处于非观测孔中最高值，且高于同期（8 月 27 日）观测孔 J_2、J_3、J_{11}-A、J_{11}-B 的含量。ZKS_1T_4 处于 ZKS_1T 系列中的最低值区域，平均值 0.26mg/L，而 ZKS_1T_3 和 ZKS_1T_5 NO_2^- 含量的变化范围为 0.44~1.30mg/L（图 6-2）。

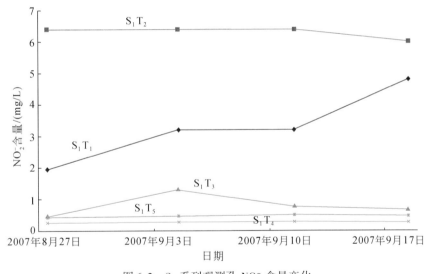

图 6-2 S_1 系列观测孔 NO_2^- 含量变化

（2） S_2 剖面（$ZKS_2T_1 \sim ZKS_2T_5$）NO_2^- 含量分布特征。因 ZKS_2T_1-B 为投源孔，该孔的 NO_2^- 含量呈递减态势，9 月 4 日至 9 月 26 日由 75mg/L 递减为 22mg/L（表 6-1）。ZKS_2T_1-C 由于距离投源孔较近，受扩散作用的影响明显，其表层样品的含量由 2.20mg/L 增至 36.00mg/L，而 11.00m 深度样品由 8 月 27 日 13.60mg/L 增至 9 月 18 日的 45.00mg/L，9 月 26 日降到 17.50mg/L，而且表层样与 11.00m 样结果相差巨大，最大相差达 28.00mg/L。

表 6-1 S_2 剖面钻孔卤水 NO_2^- 含量变化

序号	样品编号	采样日期（年-月-日）	采样深度/m	NO_2^- 含量/（mg/L）
1	ZKS_2T_1-B	2007-8-27	6.00	8.80
2	ZKS_2T_1-C	2007-8-27	11.00	13.60
3	ZKS_2T_1-B	2007-9-4	6.00	75.00
4	ZKS_2T_1-C	2007-9-4	11.00	20.00
5	ZKS_2T_1-B	2007-9-11	6.00	62.00
6	ZKS_2T_1-C	2007-9-11	11.00	40.00
7	ZKS_2T_1-B	2007-9-18	6.00	62.00
8	ZKS_2T_1-C	2007-9-18	10.50	45.00
9	ZKS_2T_1-B	2007-9-26	7.00	22.00
10	ZKS_2T_1-C	2007-9-26	11.00	17.50
11	ZKS_2T_2-B	2007-8-1 ~ 2007-8-19	5.00 ~ 5.50	7.00
12	ZKS_2T_2-B	2007-8-27	6.00	7.20
13	ZKS_2T_2-B	2007-9-4	6.00	7.20
14	ZKS_2T_2-B	2007-9-11	6.00	6.80
15	ZKS_2T_2-B	2007-9-18	6.00	6.40
16	ZKS_2T_2-B	2007-9-26	7.00	7.60
17	ZKS_2T_3-B	2007-8-27	7.00	0.20
18	ZKS_2T_3-C	2007-8-27	7.00	0.50
19	ZKS_2T_3-B	2007-9-4	7.00	0.48
20	ZKS_2T_3-C	2007-9-4	11.00	0.80
21	ZKS_2T_3-B	2007-9-11	7.00	0.64
22	ZKS_2T_3-C	2007-9-11	18.00	0.50
23	ZKS_2T_3-B	2007-9-18	7.00	0.48
24	ZKS_2T_3-C	2007-9-18	13.00	0.34
25	ZKS_2T_3-B	2007-9-26	7.00	1.20
26	ZKS_2T_3-C	2007-9-26	11.00	1.04
27	ZKS_2T_3-C	2007-9-26	15.00	0.56
28	ZKS_2T_4-B	2007-8-27	7.00	0.07
29	ZKS_2T_4-B	2007-9-4	7.00	0.16
30	ZKS_2T_4-B	2007-9-11	7.00	0.22
31	ZKS_2T_4-B	2007-9-18	7.00	0.18
32	ZKS_2T_4-B	2007-9-26	7.00	0.24
33	ZKS_2T_5-B	2007-8-27	7.50	0.38

续表

序号	样品编号	采样日期（年-月-日）	采样深度/m	NO_2^- 含量/(mg/L)
34	ZKS_2T_5-C	2007-8-27	11.00	0.015
35	ZKS_2T_5-B	2007-9-4	7.50	0.36
36	ZKS_2T_5-C	2007-9-4	11.00	0.01
37	ZKS_2T_5-B	2007-9-11	7.50	0.36
38	ZKS_2T_5-C	2007-9-11	13.00	0.02
39	ZKS_2T_5-B	2007-9-18	7.50	0.36
40	ZKS_2T_5-C	2007-9-18	13.00	0.014
41	ZKS_2T_5-B	2007-9-26	7.00	0.36
42	ZKS_2T_5-C	2007-9-26	12.00	0.018

距投源孔 100m 的观测孔 ZKS_2T_2-B 的结果相对稳定，表 6-1 中，2007 年 8 月 1 日至 19 日，采样深度为 5.00m 至 5.50m，ZKS_2T_2-B 所测 NO_2^- 含量为 36 个监测数据平均值，约为 7.00mg/L。ZKS_2T_3-B 和 ZKS_2T_3-C 结果相似，由 8 月 27 日的 0.20mg/L、0.50mg/L 增至 9 月 26 日的 1.20mg/L、1.04mg/L。ZKS_2T_4-B 孔由 0.07mg/L 缓慢增加到 0.24mg/L，但在 ZKS_2T_5-B 孔则分析数值稳定。ZKS_2T_5-C 孔的结果处于所有钻井分析的最低值，含量为 0.01 ~ 0.026mg/L。

（3）S_3 剖面示踪剂含量变化。S_3 剖面变化规律与 S_1 系列相似（图 6-3），ZKS_3T_1-B 随时间增长在增高，由 0.90mg/L 增至 3.60mg/L。ZKS_3T_2-B 结果则相对稳定，含量在 4.40 ~ 6.40mg/L。ZKS_3T_3-B 结果变化不大，约为 0.48mg/L。ZKS_3T_4 也处于本系列中的最低值，ZKS_3T_5 分析数值高于 ZKS_3T_4，变化趋势是先升后降。

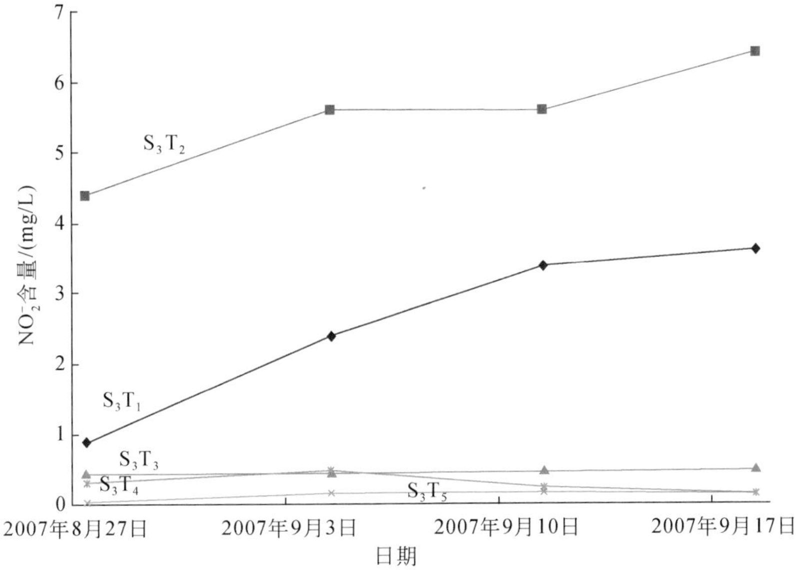

图 6-3　S_3 剖面观测孔 NO_2^- 含量变化

（4）S_4 剖面含量变化。S_4 剖面是离投源孔最远的一列钻孔。ZKS_4T_1 含量在试验期间呈增加趋势（表6-2），由 1.40mg/L 增至 2.40mg/L，ZKS_4T_2 含量变化为先升后降，由 1.70mg/L 增至 3.20mg/L 再减为 2.20mg/L，最高值出现在 ZKS_4T 系列的 ZKS_4T_2 孔。ZKS_4T_3 含量稳定，变化幅度为 0.56mg/L，ZKS_4T_4 变化幅度在 0.10mg/L 左右。ZKS_4T_5 的观测结果由 0.22mg/L 增至 0.30mg/L，呈略微上升态势（除 8 月 27 日 0.08mg/L 外）。

表 6-2　S_4 剖面钻孔卤水 NO_2^- 含量变化

序号	样品编号	采样日期（年-月-日）	采样深度/m	NO_2^- 含量/（mg/L）
1	ZKS_4T_1-B	2007-8-27	6.00	1.40
2	ZKS_4T_1-B	2007-9-4	6.00	1.80
3	ZKS_4T_1-B	2007-9-4	9.00	3.00
4	ZKS_4T_1-B	2007-9-11	6.00	2.40
5	ZKS_4T_2-B	2007-8-27	6.00	1.70
6	ZKS_4T_2-B	2007-9-4	6.00	3.20
7	ZKS_4T_2-B	2007-9-11	6.00	2.60
8	ZKS_4T_2-B	2007-9-18	6.00	2.20
9	ZKS_4T_3-B	2007-9-4	7.00	0.56
10	ZKS_4T_3-B	2007-9-11	6.00	0.60
11	ZKS_4T_3-B	2007-9-18	6.00	0.50
12	ZKS_4T_3-B	2007-9-26	6.00	0.56
13	ZKS_4T_4-B	2007-8-27	7.00	0.09
14	ZKS_4T_4-B	2007-9-4	7.00	0.10
15	ZKS_4T_4-B	2007-9-11	7.00	0.14
16	ZKS_4T_4-B	2007-9-18	7.00	0.10
17	ZKS_4T_5-B	2007-8-27	7.00	0.08
18	ZKS_4T_5-B	2007-9-4	7.00	0.22
19	ZKS_4T_5-B	2007-9-11	7.00	0.26
20	ZKS_4T_5-B	2007-9-18	7.00	0.30

2）试验区监测钻孔的亚硝酸盐含量变化

（1）监测孔 J_2。如图 6-4 所示，除了 9 月 4 日样品 NO_2^- 含量（2.94mg/L）比其他日期取样值都低外，其他均在 6.40 ~ 7.00mg/L，波动范围不大。

（2）监测孔 J_3。9 月 26 日值异常，突然增高到 2.9mg/L。其余数值在 0.74 ~ 0.32mg/L，含量变化总趋势为递减（图 6-5，表 6-3）。

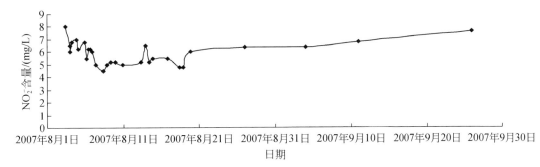

图 6-4 J_2 孔 NO_2^- 含量历时变化曲线（5.00m 处）

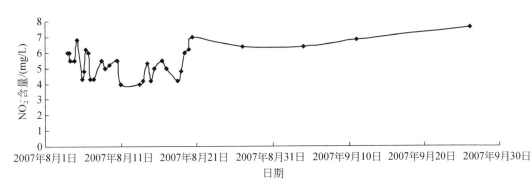

图 6-5 J_3 孔 NO_2^- 含量历时变化曲线（7.00m 处）

表 6-3 J_3 剖面钻孔卤水 NO_2^- 含量变化

序号	样品编号	采样日期（年-月-日）	采样深度/m	NO_2^- 含量/（mg/L）
1	J_3	2007-8-27	7.00	0.70
2	J_3	2007-9-4	7.00	0.74
3	J_3	2007-9-11	7.00	0.40
4	J_3	2007-9-18	7.00	0.32
5	J_3	2007-9-26	7.00	2.90

（3）监测孔 J_{11}-A。该孔距离投源孔 50m，是离投源孔最近的观测孔之一，采集观测样品深度为 5.50m、7.00m。该孔自 2007 年 8 月 1 日至 9 月 26 日观测的亚硝酸根含量变化见图 6-6、图 6-7。由图可见，两个深度观测到的含量变化规律相近，9 月 19 日之前，该孔的 NO_2^- 含量变化平缓，均分布在 0～8mg/L，且绝大部分含量为 2～6mg/L；9 月 18 日至 9 月 26 日，5.50m、7.00m 处亚硝酸根含量快速增高，均由 4.40mg/L 升至 21.00mg/L，增大了 4.77 倍，显示出接收到来自投源孔的示踪剂，但未显示出完整峰形。

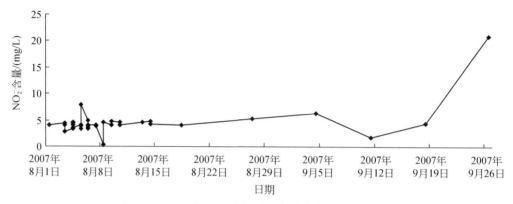

图 6-6　J_{11}-A 孔 NO_2^- 含量历时变化曲线（5.50m 处）

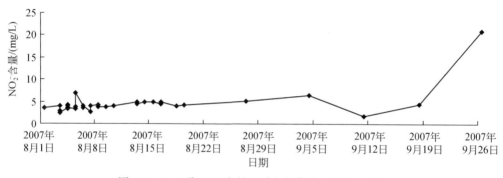

图 6-7　J_{11}-A 孔 NO_2^- 含量历时变化曲线（7.00m 处）

（4）监测孔 J_{11}-B。该孔距离投源孔 50m，野外示踪试验监测结果见图 6-8。由图可见，检测到的 NO_2^- 含量变化很大，最小值、最大值分别为 3.60mg/L、130.00mg/L。还可看出，亚硝酸根含量以 8 月 27 日为界，可分为两个阶段；8 月 1 日至 8 月 27 日，含量变化不大，变化范围 3.60～6.00mg/L，平均含量为 4.76mg/L；9 月 4 日亚硝酸根含量达 75.00mg/L，7 天后的 9 月 11 日增至最高值（峰值），而后迅速下降到 9 月 18 日 54.0mg/L，9 月 26 日降到 15.0mg/L，峰形完整，数据可靠。

综上分析示踪试验结果，J_2 孔变化平缓，最高值为 8.0mg/L；J_{11}-A 孔总体上呈增高趋势，但最大值仅为 21.0mg/L（9 月 26 日）；J_{11}-B 孔峰形完整，最大值高达 130.0mg/L，且出现峰值的时间（9 月 11 日）远早于 J_{11}-A 孔。由此确定，ZKS_2T1-A 孔与 J_{11}-B 孔的连线方向为地下卤水的流向，为 55°；根据示踪剂的运移时间（39 天）和距离（50m），计算卤水实际流速为 1.28m/d。

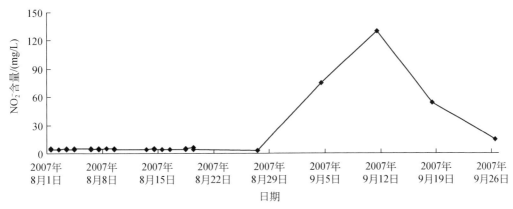

图 6-8 J_{11}-B 孔 NO_2^- 含量历时变化曲线（5.00m 处）

6.2.2   人工放射性同位素技术及测量结果

1. 示踪试验设计

1）示踪剂选择

在同位素示踪测试中，选择适当的示踪剂是非常重要的。通常情况下，同位素示踪测试对示踪剂有以下几个要求：

（1）地层本底低，分析灵敏度高；

（2）足够的化学稳定性、热稳定性和生物稳定性；

（3）与被跟踪的流体流动特性相似，配伍性好；

（4）与地层矿物不发生反应；

（5）同位素示踪剂要有合适的半衰期；

（6）安全，对环境和人员无影响。

综合本次测试井资料，考虑到井较浅，为了防止对矿区环境的污染，本次利用衰变周期较短的[131]I 作为示踪剂（半衰期为 8.04 天）。$Na^{131}I$ 示踪剂测试地下水的渗透流速与流向已经有成熟的理论，已广泛应用到水文地质参数的测试中。

2）渗透流速测试原理

本次测定渗透流速采用单井稀释法，稀释法是应用人工同位素示踪剂的常用方法。其基本原理是加入已知数量的同位素示踪剂，任一时刻的同位素浓度都与当时均匀混合示踪剂的被示踪物质总量成反比。在任何稳定状态、充分混合及开放的地下水单元中，稀释作用遵循如下方程：

$$C_t = C_0 \times e^{-Bt} \tag{6-1}$$

式中，$B = Q/V$，为稀释因子；Q 为单位时间内流进放射性示踪区段的水量，$Q = v_f \times S$，v_f 为渗透流速；V 为上述放射性示踪区段的井水体积；S 为流经井管的过水断面面积，$S = d \times H$；d 为投源井的内直径；H 为含放射性示踪剂井水段的长度；C_t 为计算浓度；C_0 为初始浓度；t 为时间。

示踪剂质量浓度比值可用测得的放射性活度比值来表示，即

$$C_t/C_0 = N_t/N_0 = \mathrm{e}^{-Bt} = \mathrm{e}^{-4V_ft/\pi d}$$

取对数可推导：

$$V_f = 0.78d/t \times \ln(N_0/N_t) \tag{6-2}$$

式中，N_0 为时间 $t=0$ 时测得水中同位素示踪剂活度值；N_t 为经时间 t 稀释后测出的放射性活度值。

测量井径 d，即可计算出流速 V_f 值。

3）渗透流向测试原理

从井中测出地下水的流向，需要用放射性示踪剂溶液标记井中水柱，并使其流入含水层，然后用对方向敏感的探测器，记录示踪剂进入含水层后的极点图。

测试地下水流向最常用的探头是准直探测器（准直仪），由开有细槽偏心的厚铅组成，用铝合金连杆将准直仪一直延伸到需要测量的含水层层位，连接杆上端与地面操纵台的卡盘相连，能正反旋转 360°，指出准直仪开口的方位。

本次测量方向采用吸附技术，利用有放射性的沉淀物（$Ag^{131}I$）顺地下水而流入含水层，部分沉淀物吸附在水流方向的孔壁上，当用准直仪沿孔壁绕测一周放射性强度时，可绘出方向曲线，即可测出水流方向。

4）渗透流速测试程序

（1）分装同位素示踪剂：开启铅罐，打开青霉素瓶，移液，稀释；一个青霉素瓶分装约 1mCi（$1Ci=3.7\times10^{10}Bq$）且分别装入预先准备好的小铅罐内。

（2）检查调试仪器：检查测井仪是否正常，电池电压、环境放射性本底指示是否正常；投源器是否灵活好用，投源器活塞密闭性是否良好。

（3）投源：抽动投源器的活塞，吸入 50mL 左右水，将铅罐内预装的源吸取一定量的 $Na^{131}I$ 溶液注入投源器内，并尽快将投源器用钢丝绳悬放到投源位置，将重锤放下投源。

（4）搅拌：将投源器上下提拉数次，将 2m 以上水柱搅拌均匀。

（5）测量：将测井仪的探头缓慢放入测试位置，打开仪器，每隔 30～50cm 测一个点，统测一遍后，根据放射性示踪剂的活度和地下水渗透流速的快慢，决定测量的间隔时间。为了减少人为因素对数据的影响，要求每次测量的上下顺序、位置尽可能完全相同，每个测点录取 5 个以上的数据。

（6）处理数据：室内分析整理测试的数据，计算地下卤水的渗透流速。

5）渗透流向测试程序

（1）将配制好的 1mCi $Na^{131}I$ 溶液和 $AgNO_3$ 溶液混合，混合液体积为 70～80mL，用投源器将混合液投入井中所要测量的层位上。

（2）根据地下水渗透流速的大小，过 10～30min 或更长时间后，将定向仪探头，由铝合金连接杆一节一节地伸入井中，在投入示踪剂的层位，绕轴线顺时针方向每隔 45° 测量一次放射性强度。为减小测量误差，按逆时针方向再测量一遍。

（3）根据测量数据，画出方向测井曲线和极点图（图 6-9），确定出地下水流方向。

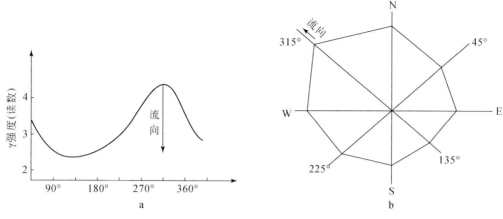

图 6-9 方向测井示意图

a. 方向测井曲线；b. 极点图（浓度角分布图）

2. 放射性人工同位素示踪试验

1）工程布置

在别勒滩溶矿试验区，对主控纵剖面 S_2 和 S_4 上的监测孔开展人工放射性同位素测量，共设计 10 口钻孔（按孔位计，实际钻孔数为 19 口），测量主要液化层的溶剂流向和渗透流速，总体上把握数值模拟区的水流状态（包括流向、渗透流速在平面上的分布变化规律及在垂向上的不同含矿层渗透性差异等）。此外，在数值模拟区外围的低品位固体钾盐分布区，利用现在的长观孔，开展 6~10 个钻孔的人工放射性同位素测量，把握区域水流状态，为固体钾盐液化开采数值模拟的推广应用积累基础资料。

2）放射性核素源及工作实施

人工放射性同位素野外测井工作委托核工业二〇三所实施，课题组提供技术指导。采用的放射性同位素示踪剂 $Na^{131}I$ 购于北京原子高科股份有限公司，每个包装 50mCi，测试仪器为中国工程勘察协会技术发展咨询部同位素方法仪器推广中心生产的 FDC-250A 型地下水参数测试仪。

3）试验过程

2007 年 11 月底开始进行测试，经过近一个月的测试，完成了试验区 12 口钻井和外围 11 口井的测试工作，由于天气寒冷，仪器工作不稳定，测试的数据大多不太理想。

为了取得可靠数据，2008 年 5~6 月对设计钻孔重新进行新一轮的系统测试。个别钻孔因存在塌孔、孔内有杂物等问题无法测试，经协商，另外补充测定 8 个孔。2008 年 5 月 6 日至 21 日为渗透流速测试阶段，实测钻孔数 24 个（试验区 12 个、外围 12 个），累计测定井段 111.584m，测点 222 个，获得相应数据 1227 个；2008 年 6 月 5 日至 15 日为渗透流向测试阶段，实测孔数 22 个（试验区 10 个、外围 12 个），累计测试数据 40 组。

测试孔分布见图 6-10 和图 6-11。

测试过程中 ZKS_2T5-C 孔由于地下可能形成渗透流通道，即使投源量加大至 2mCi，依然测试不到数据；BG20 孔里有杂物，无法测试。ZKS_4T_1-B 孔由于流速太快，测定的数据接近本底值，无法计算出渗透流速。

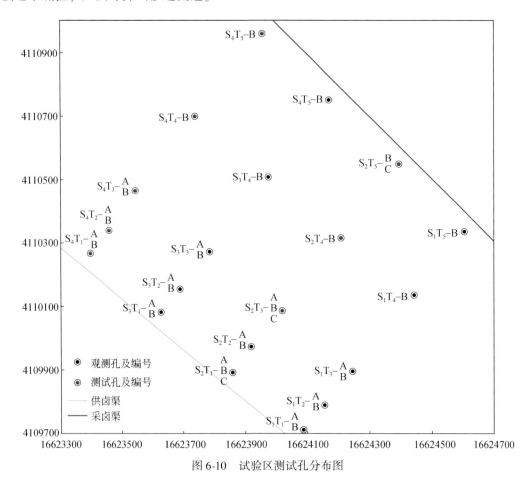

图6-10 试验区测试孔分布图

3. 结果分析

1）渗透流速

数据处理时，所有测定的放射强度值，首先进行[131]I核素的自然衰变校正，然后按公式计算其渗透流速 V_f。可疑值采用 $4d$ 法，即4倍绝对平均偏差法决定取舍。

以 ZKS_2T_3-B孔4.50m处的数据为例，通过计算得出 ZKS_2T_3-B孔4.50m处的渗透流速见表6-4，弃去异常数据，取其平均值得出4.50m处的渗透流速为0.0556m/d。同理，可计算出各测试钻孔不同深度的渗透流速值。

驱动溶矿试验区11个钻孔实测的有效渗透流速见表6-5。可见，62个测点的渗透流速的变化范围为0.016～8.70m/d，平均值为1.71m/d；11口井的最大值出现在 ZKS_4T_1-A井（实际流速最大出现在 ZKS_2T_1-B孔，由于流速太快，测定的数据接近本底值，无法计算出渗透流速），全孔平均值为8.42m/d；最小值出现在 ZKS_4T_4-B井，其全孔平均值为0.027m/d。剔除渗透流速大于0.60m/d（认为这些数值可能代表了优势通道的存在）的测点，则别勒滩试验区33个测点的平均渗透流速为0.24m/d。

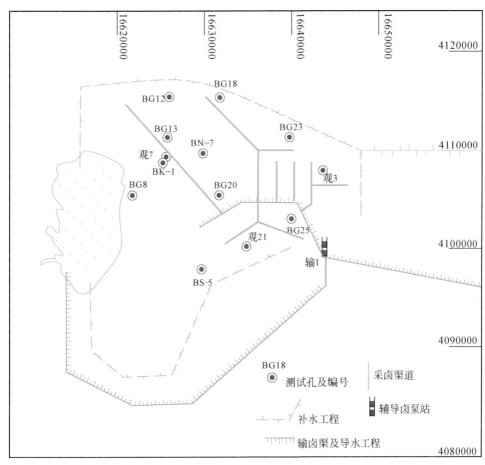

图 6-11　外围测试孔分布图

表 6-4　ZKS$_2$T$_3$-B 孔 4.50m 处渗透流速测定结果

测试次数	测量时间	计数率（N_t）	测量间隔/（t/min）	衰变校正值（N_o）	$\ln(N_o/N_t)$	渗透流速/（m/d）	平均流速/（m/d）
1	12：08	5970					
2	12：18	5940	10	5966	0.004368	0.0540	
3	12：28	5910	20	5963	0.008928	0.0552	
4	12：37	5880	29	5960	0.013514	0.0576	0.0556
5	12：47	5810	39	5956	0.024819	0.0786	
6	12：58	5720	50	5952	0.039758	0.0982	

表6-5 渗透流速测定结果一览表

序号	井号	井深/m	渗透流速/(m/d)	序号	井号	井深/m	渗透流速/(m/d)
1	ZKS_2T_3-B	4.5	0.0556	5	ZKS_4T_2-A	3.5	0.5236
		5.0	0.365			3.94	0.5717
		5.5	0.0573	6	ZKS_4T_1-A	3.0	8.6998
		6.0	0.7383			3.5	8.1421
		6.5	0.8713	7	ZKS_4T_2-B	4.0	0.3585
		7.0	0.6651			4.5	0.8781
		7.4	0.5264			5.0	0.8129
2	ZKS_2T_3-C	8.5	2.5157			5.5	0.5673
		9.0	3.1735			6.0	0.5464
		9.5	4.4676			6.5	0.4997
		10.0	6.4583			7.0	0.1731
		10.5	6.6784	8	ZKS_4T_3-A	3.5	0.4105
		11.0	6.6733	9	ZKS_4T_3-B	4.5	0.1863
		11.5	6.2757			5.0	0.125
3	ZKS_2T_4-B	3.5	1.5561			5.5	0.1281
		4.0	0.3731			6.0	0.1318
		4.5	1.6753			6.5	0.1298
		5.0	1.2479			7.0	0.1117
		5.5	1.01			7.38	0.1071
		6.0	1.254	10	ZKS_4T_4-B	4.5	0.0181
		6.5	1.8458			5.0	0.022
		7.0	3.1609			5.5	0.0165
		7.5	2.7406			6.0	0.0288
4	ZKS_2T_5-B	4.5	1.6272			6.5	0.0256
		5.0	1.2521			7.0	0.0331
		5.5	2.2428			7.4	0.0433
		6.0	7.4454	11	ZKS_4T_5-B	4.5	0.1891
		6.5	8.1635			5.0	0.2532
		7.0	3.5137			5.5	0.2984
		7.5	2.3089			6.0	0.3168
						6.5	0.3427
						7.0	0.3339

从平面上看，近邻补水渠的钻孔渗透流速最大，总的趋势是随着与补水渠的距离增加，卤水渗透流速降低。如图 6-12、图 6-13 所示，S_4 剖面钻孔平均渗透流速由 ZKS_4T_1-A 孔的 8.42m/d 逐渐降至 ZKS_4T_5 孔的 0.29m/d，S_2 剖面卤水平均渗透流速则由 ZKS_2T_1 孔、ZKS_2T_2 孔的远高于 8.42m/d（图中以 9.00m/d 表示）减小至 ZKS_2T_5 孔的 3.79m/d；可见，S_2 剖面的渗透流速均远大于 S_4 相应位置的值，这也充分显示出在 S_2 剖面沿线，溶矿过程已形成明显的优势通道，野外 ZKS_2T_1 孔溶塌也证明了人工放射性同位素技术的成果。

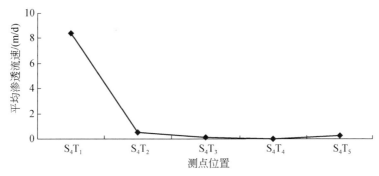

图 6-12　S_4 剖面渗透流速变化规律

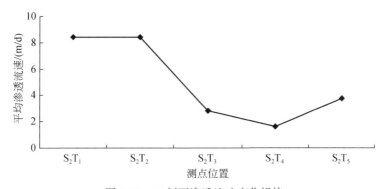

图 6-13　S_2 剖面渗透流速变化规律

2）渗透流向

地下卤水流向的测定，以 ZKS_2T_3-B 孔为例，利用测量的数据做方向测井曲线（图 6-14）和极点图（图 6-15）。可以看出，ZKS_2T_3-B 孔的晶间卤水流向为 45°。试验区其他孔的测试结果见表 6-6（注：ZKS_4T_1-A、ZKS_4T_1-B 因溶塌，未测得数据）。

实测地下卤水流向（除 ZKS_4T_2 孔、ZKS_4T_3、ZKS_4T_5 外）为 45°。总体上与化学示踪试验确定的水流方向一致。从表 6-6 还可以看到，除 ZKS_4T_3 孔外，同一测试时间不同深度所测得的卤水流向一致，表明 6.5m 深度范围内属于同一含水层，ZKS_4T_3-A 孔（3.00m 处）、ZKS_4T_3-B 孔（5.00m 处）流向不一致，可能是存在局部隔水层、紊流或钻孔结构而导致。

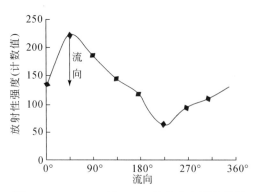

图 6-14　ZKS_2T_3-B 孔 4.5m 处的方向测井曲线

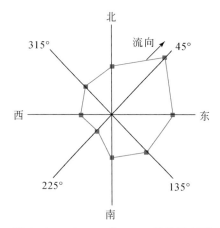

图 6-15　ZKS_2T_3-B 孔 4.5m 处的极点图

表 6-6　渗透流向测定结果一览表

孔号	测试深度/m	测试日期（年-月-日）	流向/(°)
ZKS_2T_3-B	4.5	2008-6-6	45
	6.5	2008-6-6	45
ZKS_2T_3-C	8.0	2008-6-6	45
ZKS_2T_4-B	5.0	2008-6-6	45
ZKS_2T_5-B	6.0	2008-6-6	0
ZKS_4T_2-A	3.0	2008-6-6	225
ZKS_4T_2-B	5.0	2008-6-6	225
ZKS_4T_3-A	3.0	2008-6-6	90
ZKS_4T_3-B	5.0	2008-6-6	45
ZKS_4T_4-B	6.0	2008-6-6	45
ZKS_4T_5-B	6.0	2008-6-6	270

6.2.3　水文地质参数计算

采用野外试验的方法，现场测量数据，准确高效，据此求算的孔隙度、给水度等参数与实验室对岩心样品测定的参数相比，代表性更好。该水文地质参数应用于驱动溶矿模型更符合矿区实际，对固体钾矿的液化开采评价具有重大意义。

1. 渗透系数

人工放射性同位素测定的渗透流速（V_f），由等水位线确定水力坡度（J），在获得大量试验区卤水渗透流速及其相应的水力坡度资料的基础上，根据计算公式 $K = V_f/J$ 可求出相应层段的渗透系数。

由于放射性示踪稀释测速法所测定的渗透流速仅代表钻孔周围较小范围内及其垂向分布的水平方向的渗透性（于升松，2000）。而抽水试验所确定的渗透系数则是抽水钻孔影响的流场内（包含水平流速和垂向流速，即所谓三维流）的综合反映。因此，W. Drost 与 D. Klotz 曾利用 20 多个试验点的结果，对放射性稀释测井法求出的区域渗透系数平均值 K_d 和同一区域用抽水试验求出的渗透系数进行对比，建立了 Drost 回归方程：

$$K = 0.85K_d - 0.0002 \quad (r^2 = 0.99)$$

式中，r 为相关系数。

该方程在 K 位于 $1 \times 10^{-4} \sim 2 \times 10^{-2}$ m/s 时，已被证实 K_d 比 K 值约大 15%，在 $K \geqslant 0.02$ m/s 时，K 值接近 K_d 值。

根据别勒滩环形槽排卤的抽卤试验，计算渗透系数为 385m/d（李文鹏等，1995），位于 $1 \times 10^{-4} \sim 2 \times 10^{-2}$ m/s 范围内，因此，适合采用 Drost 回归方程校正人工放射性同位素测井的渗透系数 K_d 值，计算结果列于表 6-7。由表可见，S_4 线 5 个钻孔的渗透系数变化范围为 $25.5 \sim 304.8$ m/d，平均值为 182.1m/d；S_2 线 3 个钻孔计算得到的渗透系数平均值为 2068.6m/d，由此也证实了 S_2 线存在优势通道。别勒滩试验区卤水层的平均渗透系数（K）计算确定为 180m/d。

表 6-7　别勒滩试验区渗透系数

孔号	测量位置/m	渗透流速/(m/d)	水力坡度	渗透系数 K_d/(m/d)	校正后的渗透系数 K/(m/d)
ZKS$_4$T$_1$	3.00~3.50	8.42	0.02100	401	304.8
ZKS$_4$T$_2$	4.00~7.50	0.548	0.00256	214	181.9
ZKS$_4$T$_3$	3.50~7.38	0.166	0.00092	180	153.0
ZKS$_4$T$_4$	4.5~7.4	0.027	0.00091	30	25.5
ZKS$_4$T$_5$	4.5~7.5	0.289	0.001175	246	209.1
ZKS$_2$T$_3$		2.823	0.0021	1344	1142.4
ZKS$_2$T$_4$		1.6515	0.00089	1856	1577.6
ZKS$_2$T$_5$		3.7934	0.000925	4101	3485.8

2. 有效孔隙度

有效孔隙度是制约地下卤水等流体在地质体中运移行为的重要参数之一，也是评价固体钾盐液化、卤水可采性的重要指标。求有效孔隙度的方法主要有三种（独仲德等，2002）：第一种是根据土壤当量孔隙与水分吸力的关系求出；第二种是在设定最小可导水孔隙半径的前提下，依据压汞法测出的孔隙大小分布及总孔隙度来求出；第三种方法是在野外现场用示踪实验求出地下水实际平均流速等，再根据对流-弥散方程求出。

本次研究则采用野外试验的方法，由人工放射性同位素技术测定的渗透流速（v_f）值，化学示踪法测定的实际流速（v）值，计算得到试验区的平均有效孔隙度为 18.75%。

6.3　野外溶矿工程试验

6.3.1　试验选区

试验区选在涩聂湖引水渠 BC 段与其东北侧采卤渠之间的 BG7 孔附近（图 6-16），该区固体钾矿富集，晶间卤水埋深 4.0～5.5m，具备溶解驱动开采固体钾矿的流场条件（图 6-17）。

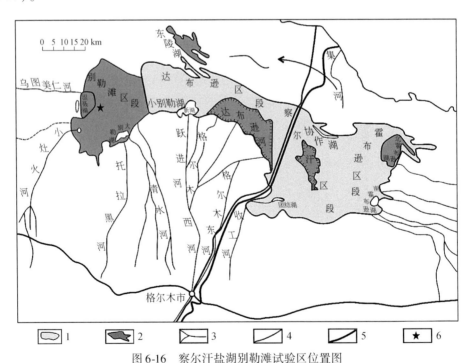

图 6-16　察尔汗盐湖别勒滩试验区位置图
1. 干盐湖；2. 固液共存盐湖；3. 河流；4. 公路；5. 铁路；6. 试验区

试验区北西-南东向长度约 0.9km，北东-南西向宽度 0.9km，面积约 0.8km²，边界确定如下：

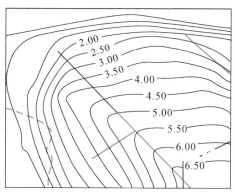

图 6-17 BG7 孔附近晶间卤水水位埋深等值线图（单位：m）

（1）西南边界为新开挖一条溶剂注入渠道。溶剂注入渠道的走向与东北边界的采卤渠道平行，在法向上（与溶剂注入渠道的走向垂直）距东北采卤渠边界约 1km。溶剂注入渠道在东南方向上延伸出模拟研究区 1km 以上，西北方向与溶剂输送渠道贯通。

（2）东北边界为目前已存在的采卤渠道。

（3）东南边界和西北边界，与溶剂注入渠垂直，呈直线连接到采卤渠，长约 1km，边界水流特征由监测孔控制。

6.3.2　试验设计

1. 溶剂注入渠道设计

在设计溶剂注入渠道之前，需估算模拟区不同稳定水位条件时的渗流量（溶剂注入渠道单侧入渗所需溶剂量）。为此，对有关参数设定如下：

（1）根据以往抽卤试验资料和开采状态下的晶间卤水水位观测资料，模拟区盐层平均渗透系数取 400m/d（1993 年在别勒滩首采区根据环形槽抽卤试验求得的结果，S_3 岩层的水平渗透系数为 390m/d；为安全起见，此处取 400m/d）。

（2）现状条件下，采卤区两侧的平均水力坡度保持在 1/1000 左右。溶剂注入渠道保持定水头的稳定开采条件下，试验区内的水力坡度为 4‰~5‰。

（3）溶剂注入渠道有效长度 B 按 7000m 计。

注入渠单侧渗漏量计算公式为

$$Q = K \frac{h_1^2 - h_2^2}{2L} B$$

式中，Q 为注入渠单侧渗漏量，m^3/d；K 为平均渗透系数，400m/d；h_1 为溶剂注入渠道附近的饱水盐层厚度，m；h_2 为采卤渠附近的饱水盐层厚度，m；L 为溶剂注入渠道至采卤渠的垂向距离，1000m；B 为溶剂注入渠道的长度。

试验进入稳定阶段后，重点研究区溶剂注入渠道附近的水位埋深在 1m 左右，采卤渠道附近水位埋深在 5~6m，若试验区等效盐层厚度按 8m 考虑，由上式可计算出注入渠在稳定水位条件下单侧的渗漏量约为 $6.3 \times 10^4 m^3/d$。

由于注入渠道内的溶剂将向两侧渗漏，因此所需溶剂量需加倍考虑，所需溶剂量在 $12.6×10^4 m^3/d$ 左右（约 $1.5m^3/s$）。为安全起见，按 $15×10^4 m^3/d$（约 $1.74m^3/s$）流量设计注入渠的输水能力。在满足上述过水能力条件下，溶剂注入渠道的宽度、深度和坡度可根据开挖机械情况确定。一般为深4m、宽2m的矩形（已完成的注入渠符合要求）。

2. 长期监测点布设

为了较详细模拟晶间卤水的渗流过程及固液转化过程，在模拟范围内共布设4个纵向（北东-南西向）、5个横向（北西-南东向）长观孔监测剖面，4个渠道测流断面。长期监测孔与测流位置平面布设如图6-18所示。

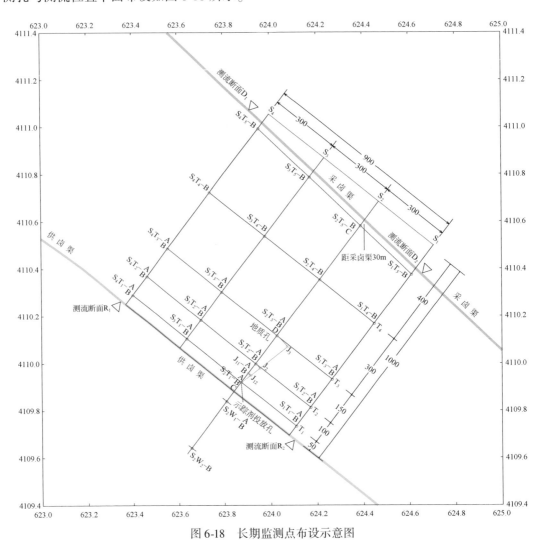

图6-18　长期监测点布设示意图

（1）在纵横剖面的交叉点上，布置不同深度的监测孔或孔组，监测孔编号由五个字母和数字组成，不同深度的监测孔分别用编号 S_*T_*-A、S_*T_*-B、S_*T_*-C、S_*T_*-D 表示。编号"-"前符号代表孔纵向剖面 S_* 和横向剖面 T_* 的位置，$*$ 为数字，最后的符号A、

B、C、D 分别代表浅部、中部、深部孔及基准地质孔。

（2）在试验区内，浅部（0~4m）、中部（4~8m）盐层的渗流速度相对较快，所需孔数较多，是监测的重点。为定量分析溶剂注入渠道两侧的渗漏量比例和深部盐层渗流所占的比例，除在剖面交叉点布置浅、中部监测孔外，需要布置少量深部监测孔及注入渠外侧水位监测孔。

（3）各类监测孔（含基准地质孔）总数 44 个，钻探总进尺 322m。

（4）为计量溶剂注入渠和采卤渠的渗漏与溢出量，在注水渠道和采卤渠道各布置 2 个测流断面，共计 4 个测流断面，位置分别位于模拟区的 4 个角端，编号分别为 R_1、R_2（溶剂注入渠道，recharge channel）和 D_1、D_2（采卤渠道，discharge channel）。

3. 监测孔钻探要求

监测孔按深度分为三类（不包括地质基准孔），浅部监测孔 S_*T_*-A、中部监测孔 S_*T_*-B 及深部监测孔 S_*T_*-C。各类监测孔的施工要求有所不同，结构如图 6-19 所示；上部套管建议采用 PVC 管。

（1）浅部监测孔（S_*T_*-A）：孔深 4m，用以监测浅部（0~4m 深度段）晶间卤水水质变化与平均水头。钻探口径 130mm，裸孔。

（2）中部监测孔（S_*T_*-B）：孔深 8m，用以监测中部（4~8m 深度段）晶间卤水水质变化与平均水头。0~4m 段钻探口径 130mm，并下套管止水；4~8m 段口径 110mm，裸孔。

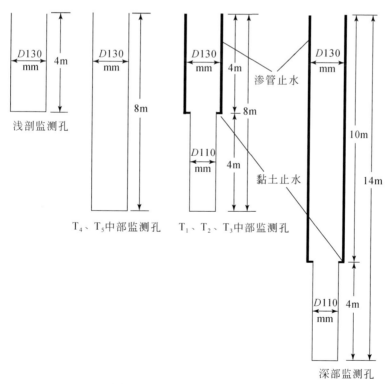

图 6-19 监测孔结构设计示意图

（3）深部监测孔（S_*T_*-C）：孔深 14m，用以监测深部（10～14m 深度段）晶间卤水水质变化与平均水头。0～10m 段钻探口径 130mm，并下套管止水；10～14m 段口径 110mm，裸孔。

4. 高程测量

所有监测孔和溶剂注入渠道全部建设完成后，对试验区及外围 3km 范围内所有钻孔孔口、溶剂注入渠道高程控制点（不少于 5 个控制点）、采卤渠道高程控制点（所测点数应能够绘制出采卤渠内的水位高程分布）进行高程测量，相对或绝对高程均可，对于溶剂注入渠和采卤渠高程控制点及测流断面，要设置坚固清晰的高程测量标志。水准测量精度不低于Ⅳ等。

5. 长观孔水位、水质监测要求

每个监测孔施工完成后，测量静止水位埋深。全部监测孔施工完成后，在溶剂注入渠道开始进行的前两天内，统测试验区内长观孔水位、试验区外围 3km 范围内已有钻孔水位及采卤渠道的水位埋深。以后每月统测一次水位埋深（以注入渠道开始时间为参照）。水位测量的时间记录精确到小时。

在溶剂注入渠道开始的前一天，采集每个监测孔与试验区外围 1km 范围内已有钻孔水质样品并测量水温，同时在采卤渠道两端采集水质样品并测量水温。采样设备为离心泵或真空泵，采样体积 50mL，用新的专用样瓶盛装。必测项目包括：K^+、Na^+、Ca^{2+}、Mg^{2+}、Cl^-、SO_4^{2-}、HCO_3^- 等。水温测量用精度为 0.1℃ 的温度计，测样前先测量气温并记录天气情况，然后将水样抽入容量为 1L 的量杯（筒）中，立即测温。水质监测与水温测量的时间记录精确到小时。

6. 溶剂注入渠道运行期间的监测

开始注入溶剂后，监测工作可分为两个阶段：一是重点研究区流场非稳定变化阶段，二是重点研究区流场基本稳定阶段。

当所有监测孔的日水位变幅与注入渠道水位变幅在 5cm/d 以内时，近似认为流场属于基本稳定阶段，反之，认为属于非稳定变化阶段。

1）注入渠流量与采卤渠监测工作

注入渠流量监测，在非稳定流变化阶段，需要对三个测流断面进行高频率监测，每天 1～2 次，该阶段估计持续 10 天左右，进入基本稳定流阶段后，监测频率为每 10 天监测 1 次。

采卤渠流量监测，在非稳定流变化阶段，需对两个测流断面进行高频率监测，每 2 天 1 次，该阶段估计持续 10 天左右，进入基本稳定流阶段后，监测频率为每 10 天监测 1 次。

2）水位监测工作

在非稳定流变化阶段，需要对各个监测孔剖面的水位变化进行高频率监测，每天 2 次，该阶段估计持续 1～2 周。进入基本稳定流阶段后，监测频率变为每 2～5 天统测 1 次试验区内水位。每月统测 1 次试验区及其外围 3km 范围内的水位。试验区内的水位测量从 T_1 剖面至 T_5 剖面顺序监测。

3）水质监测采样

水质监测样的采取原则为：当水质随时间变化大时较密，反之较疏；浅、中层位较密，深部层位较疏。采集水质样品时，同时测温。

在估计水质样品变化规律时，所选用的地层参数与水动力参数为：稳定渗流水力坡度4‰；盐层渗透系数400m/d；有效孔隙度6%～7%，由此估算出孔隙平均流速为24m/d；孔隙快速水流速度为144m/d（快速流与平均流的比值按6倍估计），为安全起见，设计中实际取孔隙平均流速为20m/d；孔隙快速水流速度为200m/d。

观测孔水质的变化规律除与水动力参数及时间有关外，还与钻孔的位置及取样段深度有关。参照上述规律，对中部盐层段取样密度按以下条件控制：当满足 $U_q \times t > L$ 和 $U \times t < L$ 时（式中，U_q 为孔隙快速水流速度；U 为孔隙平均流速；L 为观测孔至注入渠道的距离；t 为自开始注入溶剂起累计时间），加密观测，密度为每1～2天观测1次；否则，观测密度为5～10天1次。

当注水渠注入试验达到100天后，根据资料情况，由项目组专家判定是否可终止本项目的监测工作，青海盐湖工业股份有限公司可以根据需要继续进行监测。

采卤渠道流量、水质、水温、水位等的监测视 T_5 剖面的监测结果现场确定。

监测顺序是从溶剂注入渠道的流入端开始，沿横剖面方向顺序进行。

6.3.3 试验过程

野外试验过程的工作主要是根据设计的要求，监测试验场水位和水质的变化，并及时记录结果。

1. 水位监测

（1）2007年6月9日16：20，供卤渠渠首开始放水，当日23：55涩聂湖湖水抵达试验区 S_2 剖面的位置。

（2）2007年6月10日开始对水位进行观测。根据设计要求，当流场处于非稳定变化阶段时须加密观测，因此在试验开始后的一周内，对供卤渠的 R_1、R_2 断面及前排（T_1、T_2、T_3 排）的观测孔进行每天2～4次的水位观测，并及时记录水位埋深、观测时间（精确到分）、天气状况（气温、降水）等。在此期间，水位埋深日变化量在0.2～0.8m。

（3）一周后，流场进入基本稳定阶段，水位日变化量变小，观测间隔为每2天1次。7月4日后，水位埋深波动已不明显，基本不发生变化，此后观测间隔调整为每5天1次。

（4）7月7日，为了更好地监测水位及取样，在 S_2、S_3 列中间离供卤渠约10m的地方补打两个监测孔进行观测，孔深分别为4m和8m。

（5）每次观测完水位后要将观测信息记录到专用的记录本上，当日要将记录整理到电子文档里，并分析当前的水位变化、流场变化情况，以便下一步采取合适的措施。

2. 水质监测

（1）水质监测样品的采集是与水位观测同步进行的。根据水质监测样品采取的原则，在试验刚开始时，水质变化较快，加密观测，在试验刚开始的一周内，对供卤渠断面及前排监测孔的不同深度取样间隔为1次/天。一周后，水质变化变小，取样间隔为5天。7月4日后，水质溶解平衡进入稳定期，取样间隔为10天。

（2）取样工作均进行现场记录，记录内容包括样品编号、取样时间、取样深度、天气状况以及水样的温度、密度等，水质样品用准备好的塑料瓶封装，并在塑料瓶上标明样品的编号和采样时间。水质温度及密度的测量在样品采取完成后立即进行，样品根据监测孔的位置统一摆放，以便检查不同孔所取的样品的数量。

6.3.4　试验结果

1. 水位变化

1）剖面水位变化分析

渠首开始放水后，T_1 排的水位有了明显的升高，在 10 天之内由原先埋深 5.70m 上升到埋深 2.70m，后排的水位上升则不明显（图 6-20）。

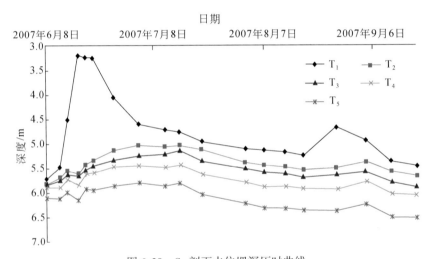

图 6-20　S_4 剖面水位埋深历时曲线

在正常情况下，S_1 剖面水位埋深曲线应保持 6 月 19 日的曲线，但实际情况是 T_1 排的水位不断下降，形成了如 7 月 27 日、9 月 18 日的曲线（图 6-21），而供卤渠壁上的结盐可以解释这一现象。因为结盐的发生（图 6-22），渠壁附近的导水能力下降，渗透系数变小，水头降低过快，从而使 T_1 排的水头下降。

2）流场等水位线变化分析

在试验开始之前，试验区流场基本处于稳定状态（图 6-23a），等水位线分布平缓均匀（等水位线间距 0.1m）。试验开始后，供卤渠放水，溶剂流入渠道中入渗，供卤渠两侧水头不断升高，T_1 排水位由原来的 2673m 上升到 2675m（图 6-23b）。试验 7 天后供卤渠等水位线变密，水力坡度变大，表明水位变化较大；而远离供卤渠的地方，等水位线变稀，水力坡度变小，表明水位变化不大。

图 6-23a 与图 6-23b 比较，水位高程为 2673m 的等水位线，试验前在 T_4 排附近，试验 7 天后，该等水位线向采卤渠方向推动了一段距离。而距供卤渠 50m 的 T_1 排的水位上升了 1.7~2.2m，水位上升较明显；距供卤渠 150m 的 T_2 排水位上升值为 0.3m 左右；其余

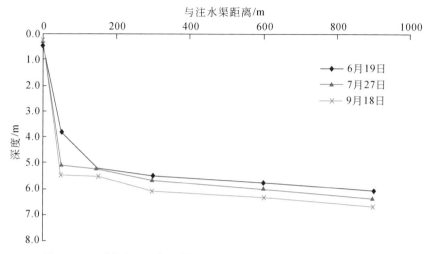

图 6-21　S_1 剖面 2007 年 6 月 19 日、7 月 27 日、9 月 18 日水位埋深

图 6-22　注卤渠壁析盐

T_3、T_4、T_5 排的水位上升则小于 0.1m。随着试验的进行，等水位线不断向前推进，试验 26 天后，2673m 等水位线已在 T_5 排之后。试验初期，水位的上升主要在前排；到试验中期，试验区的中部也开始水位上升；试验进行 70 天后，供卤渠停止供卤，水位开始缓慢下降；到试验 86 天时，供卤渠水位已下降了 2m 多，此时的等水位线相对比较平缓。

2. 水质变化

1）水平变化规律

（1）剖面水质特征：在试验开始前，各处离子分布并非均一，从供卤渠到采卤渠，即从 T_1 到 T_5 排，Na^+ 由高到低，K^+ 变化不大，Mg^{2+} 由低到高（图 6-24），Cl^- 由低到高（图 6-25）。

试验开始后，供卤渠中的溶剂首先到达 T_1 排，驱替了原来盐层中的晶间卤水，并发生溶解平衡反应。因为供卤渠中溶剂的特征为高钠低钾低镁，所以当溶剂到达 T_1 排后，T_1 排水质的变化直观地表现为 Na^+ 升高、Mg^{2+} 降低、K^+ 降低（图 6-26），Cl^- 变化不大。随

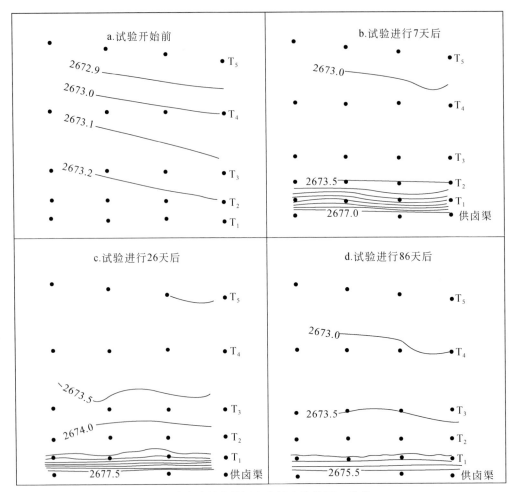

图 6-23　试验过程中晶间卤水等水位线图（单位：m）

着试验的进行，T_2、T_3排卤水中各离子浓度也发生了变化，但不如T_1排明显，越往后排变化越小，到T_4排已基本不发生变化。

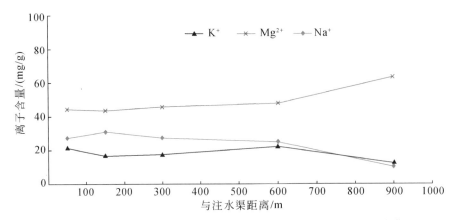

图 6-24　S_2剖面试验开始前 7m 深度晶间卤水中主要阳离子含量变化

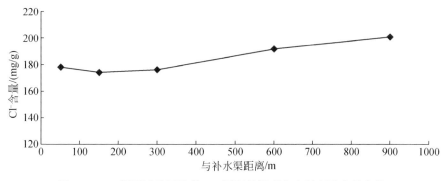

图 6-25　S_2 剖面试验开始前 7m 深度晶间卤水中氯离子含量变化

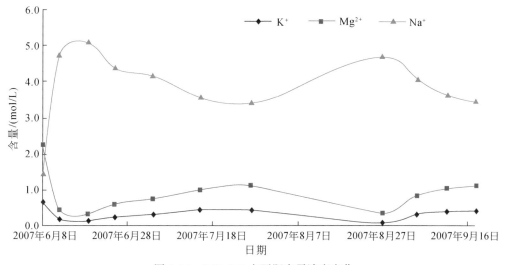

图 6-26　S_2T_1-B-7 主要阳离子浓度变化

（2）同排孔间对比：图 6-27a 为试验开始前（6 月 8 日）T_3 排监测孔中所取样品，该样品的离子浓度可代表试验区本底浓度；图 6-27b 为试验结束时（9 月 18 日）T_3 排监测孔中所取样品；图 6-27a 和图 6-27b 对比看出，试验结束时，T_3 排监测孔中卤水在相图上的位置与试验开始前基本相同，说明 T_3 排晶间卤水变化不大。

图 6-27c 为第 11 天（6 月 19 日）T_1 排各孔离子浓度样品及渠水样品，从相图中可以看出，T_1 排各孔晶间卤水所在区域非常靠近溶剂，且与本底值相比有较大变化，表明溶剂已经到达 T_1 排。图 6-27d 为第 17 天（6 月 25 日）T_2 排各孔样品与渠水样品对比，从相图中可看出，ZKS_2T_2 孔位置最接近溶剂，晶间卤水受溶剂影响最大；ZKS_4T_2 孔晶间卤水离溶剂最远，与图 6-27a 相比，ZKS_4T_2 孔晶间卤水仍处于本底浓度所在区域，说明 S_4 列受影响较小。

到试验结束时，T_4、T_5 排各孔中晶间卤水离子浓度几乎没有变化。

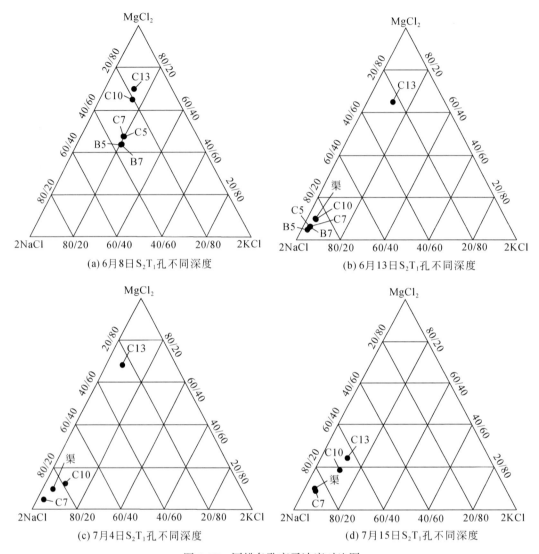

图 6-27　同排各孔离子浓度对比图

（3）平面化学场变化：试验开始前，天然状态的晶间卤水中，K⁺分布无明显规律，但在 T_3、T_4 排附近较高，靠近供卤渠和采卤渠较低；Na⁺从供卤渠到采卤渠，由 33g/L 降低到 15g/L（图 6-28）。

经过溶矿反应后，K^+、Mg^{2+}、Cl^- 浓度都有所升高，Na^+ 浓度有所降低（图 6-28c ~ f）；在经过 50m 溶矿后到达 T_1 排时，K^+ 浓度由 2.5g/L 升高为 12g/L，Na^+ 浓度由 120g/L 降为 82 ~ 108g/L，析出较多，这一点也可从供卤渠渠壁结盐上看出。

（4）试验区分段特征：化学示踪试验所得试验后期水流稳定后，晶间卤水实际流速为 1.28m/d，结合离子浓度剖面图，可将试验区的晶间卤水在剖面上分为三个区段（图 6-29）——完全影响带（0 ~ 150m）、部分影响带（150 ~ 300m）、微弱影响带（300 ~ 1000m）。完全影响带即在 100 天内溶剂到达并进行了溶矿的地带，晶间卤水浓度变化很大，可观察

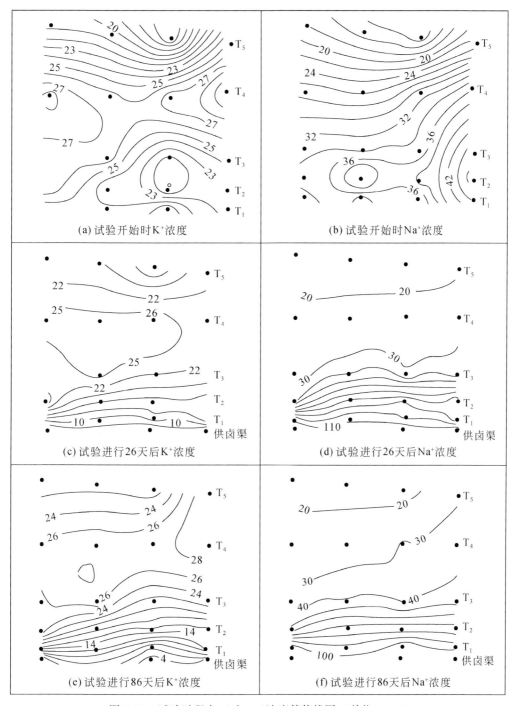

图 6-28　试验过程中 K^+ 和 Na^+ 浓度等值线图（单位：g/L）

S_2 剖面的 6 月 8 日与 9 月 18 日的剖面图，可以看出在 0～150m 的范围内离子浓度有了明显的变化，说明由涩聂湖水配制的溶剂已经到达 T_2 排；150～300m 范围内，只有前部的晶间卤水离子浓度有明显变化，后部变化不明显；至 300m 以后，即后 3 排区域，离子浓度没有发生明显变化，如图 6-30 所示。

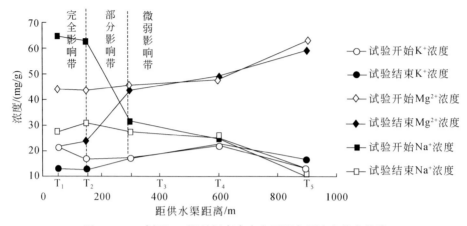

图 6-29　S_2 剖面 7m 深晶间卤水中主要阳离子浓度分布曲线

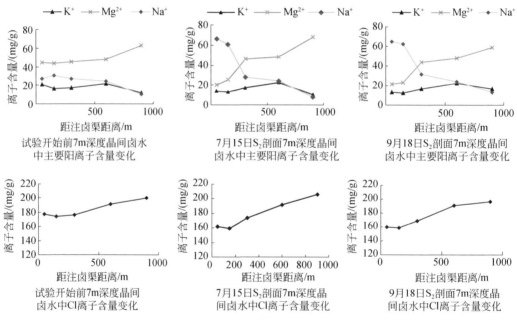

图 6-30　试验开始与试验结束时 S_2 剖面阳离子浓度变化

2）垂向变化规律

（1）垂向水质特征。试验开始前，在天然流场状态下，离子浓度在垂向上的分布也并不均一，如图 6-31 中 6 月 8 日的 K^+、Na^+、Mg^{2+} 曲线，在垂直方向上有一定的差异性。溶矿试验开始后，盐层浅部首先受到影响，各离子浓度变化的方向，与溶剂各离子浓度特征的方向一致。埋深 7m 处离子浓度受影响最大，从图中可以明显看出这一点。

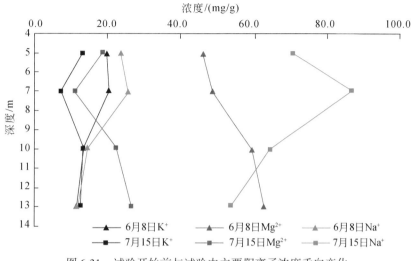

图6-31　试验开始前与试验中主要阳离子浓度垂向变化

（2）不同深度对比：图6-32a 是天然条件下 ZKS_2T_1 孔不同深度晶间卤水对比图，图 6-32b 是试验开始第 5 天（6 月 13 日）ZKS_2T_1 孔不同深度晶间卤水对比图，可以看出，在天然条件和试验条件下，ZKS_2T_1 孔 B 孔和 C 孔深 5m、7m 的晶间卤水浓度几乎相同。从图 6-32a 可以看出，天然条件下，10m、13m 深的晶间卤水与 5m、7m 深的晶间卤水有差异。

从图 6-32b 可以看出，试验进行到第 5 天，C 孔 7m、10m 深的晶间卤水已经与溶剂基本相同，埋深 13m 的地层仍然保持本底状态，说明此时溶剂到达了 10m 深的地层，但是尚未到达 13m 深的地层。从图 6-32c 可以看出，在第 26 天（7 月 4 日）时，13m 深的晶间卤水仍然保持本底值，说明溶剂仍未到达 13m 深的地层。从图 6-32d 可以看出，在第 37 天（7 月 15 日）时，13m 深的晶间卤水较本底值有了明显变化，其离子浓度已向溶剂靠

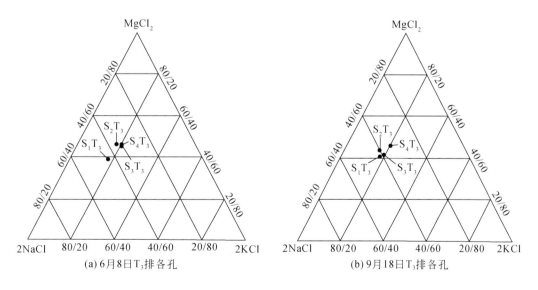

(a) 6月8日T_3排各孔　　　　　　　　(b) 9月18日T_3排各孔

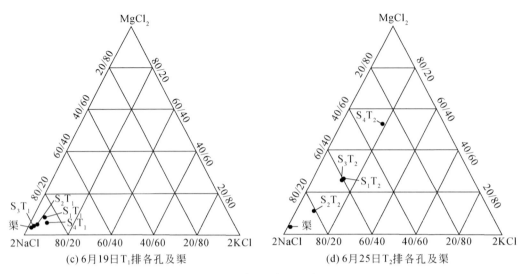

(c) 6月19日T₁排各孔及渠　　　　　(d) 6月25日T₂排各孔及渠

图 6-32　不同深度离子浓度对比

近，但是 10m 深的晶间卤水浓度也远离了溶剂浓度，并且 10m 与 13m 的晶间卤水浓度接近。可能是溶剂没有到达 13m 深的盐层，10m 与 13m 的晶间卤水变化是由上层溶剂与下层原晶间卤水弥散混合及固液转化所致。

由上分析可知，在进行液化溶矿时，溶剂进入地层的深度有限，在试验初期溶剂填充盐层的阶段，溶剂进入盐层后具有垂向的流速，溶剂会入渗到较大的深度（试验监测为10m），但是溶剂充满盐层，流场达到稳定后，溶剂以水平流为主，而在垂向上则以弥散混合作用为主。

6.4　溶矿效果分析

6.4.1　VTP 软件分析

通过对大量试验数据的深入分析，结合 Pitzer 理论的发展（Christov and Moller，2004；Spencer et al.，1989；Felmy and Weare，1990；Marion and Farren，1999），应用 VTP 对溶矿过程及效果分析如下。

供卤渠中溶剂的特征为高钠低钾低镁，如表 6-8 中 R₁-1 和 R₁-2 样品。活度积表示溶液中有效离子浓度的乘积，溶度积表示该温度下溶质饱和后所能达到的有效离子浓度的乘积，活度积若大于溶度积（应用 VTP 计算结果来判别），则表示溶液中此种矿物已经饱和，并且有析出的趋势。

表 6-8　利用 Pitzer 理论计算的部分样品活度积

取样时间 （年-月-日）	样品编号	活度积		
		KCl	NaCl	$KMgCl_3$
2007-6-10	R_1-1	0.3656	42.3693	4.5437
2007-6-11	R_1-2	0.3223	39.9017	3.5328
2007-6-8	S_4T_1-B-7-1	7.1557	46.6116	3074.734
2007-6-8	S_2T_1-B-7-1	7.4688	43.4541	2599.470
2007-6-11	S_4T_1-B-7-2	7.4274	48.0701	3309.26
2007-6-14	S_4T_1-B-7-5	3.458	40.4639	129.2282
2007-6-25	S_4T_1-B-7-10	1.3316	37.4393	21.2099
2007-7-15	S_4T_1-B-7-13	2.3954	38.7618	68.6652
2007-8-7	S_4T_1-B-7-15	4.7449	53.1991	589.3777
2007-9-18	S_4T_1-B-7-20	2.6478	40.6097	117.7938

　　高钠低钾低镁的溶剂从理论上来说是进行液化开采驱动溶解的理想溶剂。供卤渠中的溶剂在试验过程中变化不大，取 R_1-1 和 R_1-2，用 Pitzer 理论模拟计算后，可以明显地看出 KCl 和 $KMgCl_3$ 的活度积/溶度积很小，接近于 0，说明供卤渠的溶剂中 K^+、Mg^{2+} 的含量很低，而 NaCl 的活度积大于溶度积，表示溶剂中 Na^+ 的含量很高，已处于过饱和状态，这样的溶剂在进行驱动溶解时可以带走固体骨架中的 K^+、Mg^{2+}，但不会破坏盐层骨架，从这个角度讲溶采是可行的。

　　在试验开始之前，试验区盐层骨架中晶间卤水的状态可以用样品 ZKS_4T_1-B-7-1 和 ZKS_2T_1-B-7-1 的状态表示，这两个样品是在试验开始之前所取的样品。盐湖晶间卤水中的各种矿物的溶度积较大，则说明晶间卤水处于基本饱和状态（郝爱兵和李文鹏，2003）。ZKS_4T_1-B-7-1 样品中 KCl、NaCl 和 $KMgCl_3$ 活度积较大，表示原始盐层晶间卤水中的各种矿物处于饱和状态。

　　试验开始后，从 T_1 排的水位历时曲线和离子浓度变化曲线，都可以看出，在 6 月 14 日，溶剂到达 T_1 排，这个结果也能从表 6-8 数据的变化中看出。高钠低钾低镁的溶剂到达 T_1 排后，驱动替换了原来盐层中的晶间卤水，并与固体骨架发生溶解平衡反应。反应结果虽然表现为 T_1 排孔中样品的浓度降低，但实际是 T_1 排处孔中溶剂的 K^+、Mg^{2+} 浓度升高（图 6-33），由表 6-8 中 R_1-1 和 ZKS_4T_1-B-7-5 的数据变化中也能看出。供卤渠中溶剂的 KCl 和 $KMgCl_3$ 的活度积的值都很小，接近于 0，而经过与固体骨架的接触后，KCl 的溶度积提高了 10 倍，$KMgCl_3$ 的溶度积升高了 30 倍，这说明尾卤溶剂溶矿的效果还是比较明显的。T_1 排监测孔中 Na^+ 的浓度较供卤渠中 Na^+ 的浓度有所降低，如图 6-34 所示，这可以由渠壁上的结盐来解释。

6.4.2　水动力学分析

　　已有的认识是原卤或异地晶间卤水基本没有溶矿能力（郝爱兵，1997），因此本次在

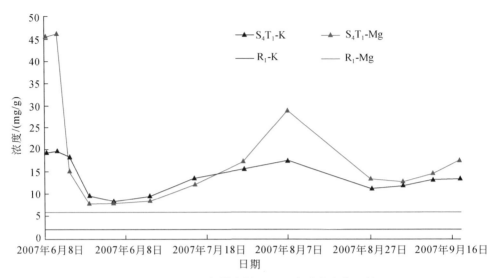

图 6-33 ZKS$_4$T$_1$ 与供卤渠 K$^+$、Mg^{2+}浓度变化比较

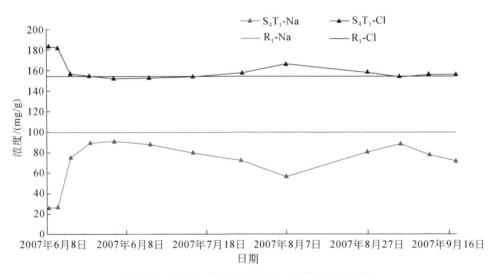

图 6-34 ZKS$_4$T$_1$ 与供卤渠 Na$^+$、Cl$^-$浓度变化比较

评价溶矿效果时只计算注入溶剂中钾的变化量。供卤渠溶剂的注入量未系统监测，试验区单侧渗漏量用监测孔的水头变化来换算求得。

1. 溶出钾计算

1）计算阶段划分

渠壁结盐之前，T$_1$ 排的水头在不断变化，流量也是一个变值，结盐之后，试验区的水流场基本进入稳定状态；据此，利用水动力学特征进行溶矿效果的计算应分两个阶段计算，即渠壁结盐前的阶段与结盐后的阶段。

2）渗漏量历时曲线方程

结盐是一个长期的过程，选 7 月 4 日为其分界线，从试验开始到 7 月 4 日流量的变化，可以用达西定律近似得到一个渗漏量历时曲线方程：

$$Q = KA\frac{H_1 - H_2}{L}$$

式中，K 为渗透系数；A 为过水断面的面积；H_1、H_2 为不同监测断面的实测水头值；L 为 H_1、H_2 监测断面之间的水平距离。

6 月 27 日之前 H_1 为供卤渠水位，6 月 27 日之后渠壁结盐，用 T_1 排的水位代替；至试验结束，驱动溶解明显影响到的位置是 T_3 排，所以 H_2 取 T_3 排水位，L 为两个监测断面之间的距离。化学示踪试验所得 K 为 180m/d。结盐过程所引起的渗漏量历时曲线的变化本应是渐变的，而由图 6-35 可见，在 6 月 27 日渗漏量有一个突变，但总的变化趋势是正确的。渗漏量历时曲线下的面积就是试验过程的总的渗漏量。

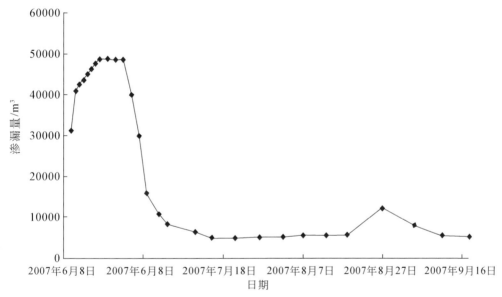

图 6-35　单侧渗漏量历时曲线

3）渗漏量计算

用趋势线拟合流量历时曲线，得到趋势线的 6 阶多项式方程为

$$y = -10^{-5}x^6 + 2.3711\,x^5 - 232952\,x^4 - 4\times10^{14}x^2 + 6\times10^{18}x - 4\times10^{22}$$

式中，y 为单日渗漏量；x 为日期，其数值为在 Excel 中由日期换算出的值。

可以用趋势线下的面积近似代替历时曲线下的面积，有了趋势线的方程，通过定积分便可以得到需要求算的面积，据此得到总渗漏量为

$$Q = \int_{6\text{月}9\text{日}}^{9\text{月}18\text{日}} y\mathrm{d}x$$

式中，Q 为总的渗漏量；y 为单日渗漏量；x 为日期。

积分区间为 6 月 9 日到 9 月 18 日，经过积分求解得到的单侧渗漏量为 1311432m³。

4) 溶出钾

从样品分析报告中可以看出溶剂中钾的含量为 2mg/g 左右，经过溶解平衡后，"溶出液"中钾的含量为 20mg/g 左右，增加量为 18mg/g，因此，共溶出钾为

$$M = \rho \times V \times \Delta m$$

式中，M 为溶出钾的总量；ρ 为溶剂的密度，取 1.2g/cm^3；V 为总的溶剂渗漏量，取 1311432m^3；Δm 为溶剂中钾的增加量，取 18mg/g。

经计算，得到在试验时间内试验区共溶出钾约 3.05×10^{4}t，换算成 KCl 约为 5.8×10^{4}t，用总 KCl 除以总的溶剂渗漏量，得到平均每立方米溶剂溶出 KCl 约 46kg。

2. 差异分析

与上述的地层中固体钾盐减少量（17.90×10^{4}t）相比，别勒滩试验区卤水中 KCl 增加而计算的溶矿资源总量的差异主要归因于溶矿时间的不同。野外溶矿试验系统监测水质、水位的时间约为 4 个月，而地层中固体减少量的对比时间分别是 2007 年 6 月、2008 年 10 月，溶矿时间长达 16 个月，从溶矿时间和固体钾盐液化量分析，随着溶矿时间的延长，溶矿试验具有溶矿量逐渐增加、溶矿效率降低的趋势。

6.4.3　存在问题

2006～2008 年，针对青海察尔汗盐湖存在巨量的低品位固体钾盐，通过实验研究与野外溶矿试验相结合，引涩聂湖水作溶剂，在开放条件下实现低品位难采固体钾矿的驱动液化（单级驱动），这在国内外尚无先例。但是，单级驱动出现了地下卤水优势通道（优势管道流）明显及溶矿距离（溶程）较短的现象，这两个因素制约了水溶开采的速率和溶矿率。

1. 优势通道

1）优势通道存在的证据

在青海别勒滩试验区开展人工放射性同位素测量，S$_2$ 剖面的渗透流速远大于 S$_4$ 剖面相应位置的流速值，这显示出在 S$_2$ 剖面沿线，溶矿过程已形成明显的优势通道，野外补水渠溶塌（图 6-36）也证明了人工放射性同位素技术得到的测量结果可靠。

实拍到优势通道流的录像截屏照片如图 6-37 所示。

2）优势通道对溶矿的影响

优势通道的存在对溶矿的影响主要是大大降低了溶剂的溶矿率，即溶剂以管道流的形式快速流过地层，与可溶的盐类矿床的接触交换时间大大缩短，开采的目标物未能有效溶出，溶矿的效率降低，矿床开发的成本则相应增加。

2. 溶程短

当溶剂到达某处时，首先驱替原来的晶间卤水，然后与盐层发生溶解平衡反应，表现为在所取得的样品成分上向溶剂的成分靠近，即 Na$^+$ 含量变高，K$^+$ 含量变低，Mg^{2+} 含量变低，虽然看上去 K$^+$ 的含量变低了，实质上是低钾的溶剂溶出了固体中的钾，由此可见，通过水质变化能够分析溶剂的推进、溶矿过程。

图 6-36　别勒滩补水渠溶塌

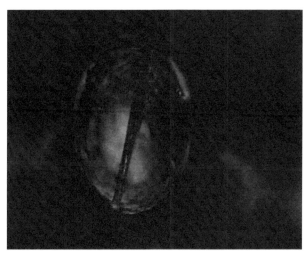

图 6-37　别勒滩钻孔中见到的优势流

对溶矿试验过程采集的 616 个水样品进行化学组分测试，从试验开始到试验结束，沿溶剂驱动方向，大致可分为三个带：前部溶矿带（0～150m），中部扰动带（150～300m），后部稳定带（300～1000m），前部溶矿带即在 100 天内溶剂到达并进行了溶矿的地带，观察到 2007 年 6 月 8 日与 9 月 18 日在 0～150m 的范围内离子浓度有了明显的变化，说明发生了明显的驱动溶解反应，是驱动溶解完全影响到的地带；中部扰动带，溶剂已经到达，但溶矿效果不显著；后部稳定带，基本未发生液化效应。由以上分析可见，溶矿试验至 100 天时，溶剂推进及有效溶矿带宽度仅为 150m。

第 7 章　增程驱动溶矿工程试验

针对单级驱动野外溶矿工程试验出现的一些问题（如优势通道），提出多级增程驱动技术方案，以有效消减优势通道对溶矿的不利影响，其基本原理是通过增加多级的补水渠切断优势通道，达到均匀入渗、整体溶矿的目的，从而取得溶剂溶矿的最大效益。

7.1　增程驱动溶矿技术

7.1.1　多级补水模式

多级增程驱动顾名思义即直接增加驱动力、增加溶矿的距离。采用多级驱动技术，可以大大提高溶矿开采的效率。

多级驱动技术（方案）与此前已实施的单级驱动溶矿技术相比，其核心是溶剂的多渠道阶梯式入渗溶矿（图 7-1）。增程驱动补水渠的布置模式，包括补水渠布置方向和不同补水渠间的距离的确定。

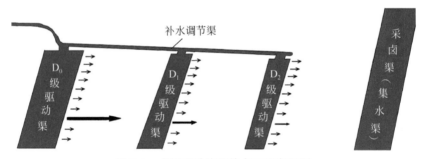

图 7-1　多级驱动溶矿技术工程布置图

1. 补水渠方向的确定

根据区域地下水水流场特征，补水渠的延展方向应尽量垂直地下水流动方向。

2. 补水渠间距确定

根据已完成的单级驱动野外溶矿试验成果，最佳溶矿距离 300m，有效溶矿距离 600m，即溶剂渗入地层后，与矿层发生物质交换（主要是钾的溶出）；至 300m 后，溶矿能力显著降低；至 600m，溶剂中溶出的目标物（钾等矿物质）已接近饱和，失去了液化固体钾矿的能力。由此确定多级补水渠布设的间距为 300～500m。

7.1.2　增程驱动优势

对比分析单级驱动和多级驱动模式（图 7-2、图 7-3），可以得出增程驱动溶矿模式在 3 个方面具有显著效果：

（1）整体抬高了水位，增加了可液化开采的有益矿产资源总量。图 7-2 为野外溶矿试验的实测剖面，100 天的补水仅抬高潜水位约 1m。而采用图 7-3 所示的多级驱动溶矿技术，多级的溶剂入渗补给，能有效抬高矿区水位，以图 7-2 中水位埋深 4m、图 7-3 中潜水位埋深 1m 计算，地面下 1~3m 深处的固体矿床能得到液化开发，大大增加了可采量。

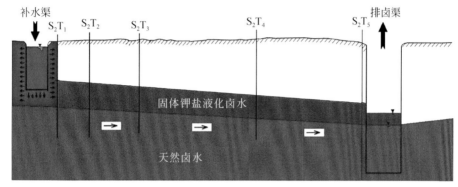

图 7-2　单级驱动技术模式（实测剖面）

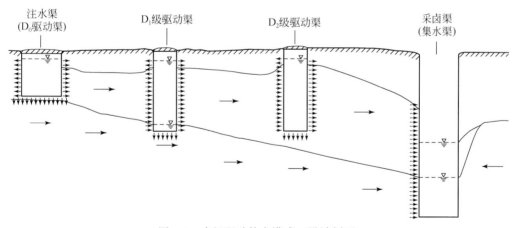

图 7-3　多级驱动技术模式（设计剖面）

（2）溶剂流动速度变慢，增加了与固体矿产的接触时间和溶出率。如图 7-2 所示，自补水渠至排卤渠，水位持续下降，水力坡度相对较大；而采用多级驱动，受 D_1 级，D_2 级……驱动渠溶剂补给，渠周边水位显著抬升，使得整个溶矿区域的水力坡度显著变缓，由达西定律可知，在同一矿区、地层渗透性相同的情况下，渗透流速（地下水流动速度）与水力坡度成正比，即多级驱动技术能降低水流（溶剂）速度，增加了溶剂与矿层的接触时间，从而提高了单位溶剂的溶矿率。

（3）切断优势通道，提高溶剂使用效率。在单级驱动模式下，若补水渠与排水渠之间存在优势通道，则部分溶剂沿通道（管道）直接快速流经地层排泄于排水渠，基本不产生溶矿效果，造成宝贵溶剂的大量浪费，而采用多级驱动模式，假设同样存在优势通道，则次级的补水渠（D_1级、D_2级······）切断了优势通道，即沿通道过来的优势流优先流入次级补水渠，并与渠中的溶剂混合，再入渗地层开始下一级的溶矿，依次推进，有效降低了溶剂的直排浪费。

7.2 增程驱动溶矿试验

7.2.1 试验选区

结合青海盐湖工业股份有限公司已实施的输卤渠工程，试验区选择在别勒滩涩聂湖东部，靠近单级驱动试验场地的位置。试验区边界（图 7-4）：西南边界（上游边界）为上游补给渠；东北边界（下游边界）与上游补给渠边界平行，距原补给渠 2km；西北边界与东南边界（侧向边界）为 S_1、S_2 列钻孔分别向外侧延伸 500m 界线；面积约为 4km²。

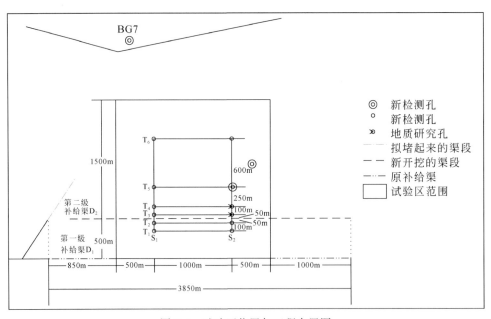

图 7-4 试验区位置与工程布置图

利用已建的上游补给渠（该渠展布方向大致与试验区等水位线方向平行），在其下游新扩建一条补给渠。为使试验区内的准一维流场不受新开挖补给渠影响，新开挖补给渠向外围延伸不小于 1km，试验区需新开挖补给渠约 3850m。

选择该区域作为试验区基于以下两点：

（1）原补给渠近似平行于晶间卤水等水位线，通过开挖一条与原渠平行的新补给渠，可形成增程驱动的一维流场，有利于增程驱动溶矿机理研究。

（2）该区域水位埋深为 2～3m，水位埋深较浅，有利于动态观测（水位及水化学分析样品采集等）。

7.2.2 试验设计

1. 地质研究孔

地质研究孔的目的是应用新技术、新方法为察尔汗盐湖区的钾盐及其相关沉积物的矿物组成、微观组构及其钾元素的含量变化等提供标准，从地层固体钾盐含量变化规律揭示驱动溶矿机理，评价溶矿量、溶矿率。

设计地质研究孔共 3 个，如图 7-4 所示，孔位编号为 ZCS_2T_2-C、ZCS_2T_4-C、ZCS_2T_5-C（该孔即为青海盐湖工业股份有限公司资源研究孔 CK2497）。结合前人有关钻孔岩性变化特征，预期该孔岩心如图 7-5 所示。钻孔深度控制到 S_5 与 S_4 钾盐层。

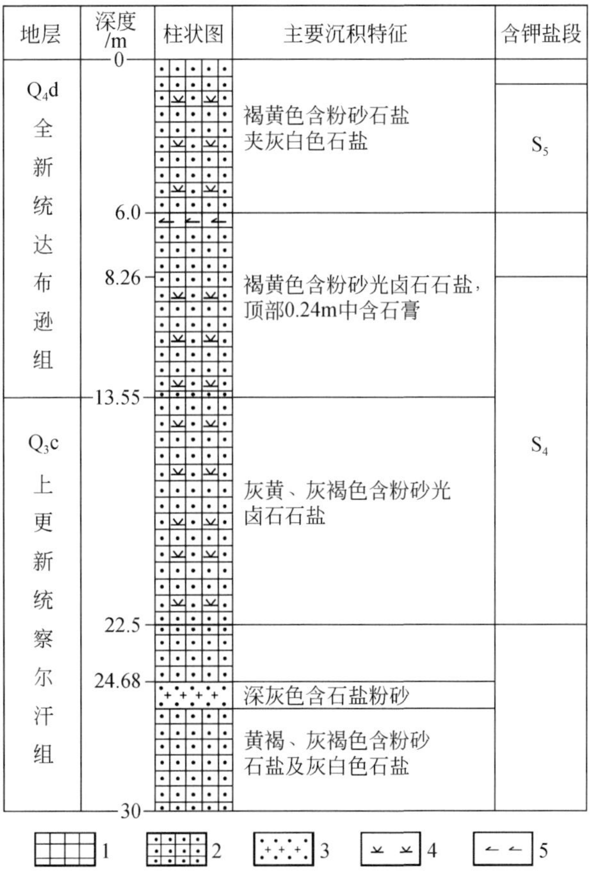

图 7-5　地质研究孔剖面示意图（据沈振枢等，1993；于升松，2000）

1. 石盐；2. 含粉砂石盐；3. 含石盐粉砂；4. 光卤石；5. 石膏

施工要求：孔深15m，开孔孔径110mm，终孔孔径110mm，岩心采心率>95%。揭露上部整个盐层后终孔。

2. 补卤渠

本次增程驱动溶矿试验借用青海盐湖工业股份有限公司已存在且正在运行的补水渠，作为第一级（D_0 或 D_1），新开挖补水渠作为第二级（图7-6）以实现增程溶矿的效果。

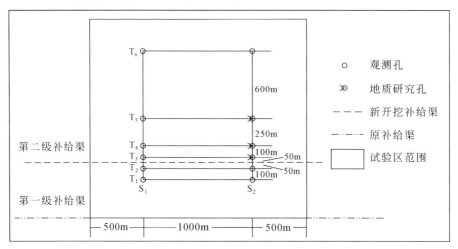

图7-6　野外试验场监测孔布置图

根据2007年别勒滩单级驱动试验结果，补给渠在运行的过程中发生渠壁结盐现象，影响渠道渗漏性，试验结果表明，渗渠达到稳定后，每100m渗漏量120～150m³/d。按稳定渗漏量与湿周成正比推测，设计新开挖补水渠为矩形，深4m、宽1.5m，预期稳定渗漏量150m³/d，能够满足试验要求。新开挖补给渠的坐标见表7-1。

表7-1　新开挖补给渠坐标

位置	高斯坐标 E	高斯坐标 N
补给渠与原支渠交点	16619436	4110628
补给渠与 S_1 剖面交点	16620406	4109642
补给渠与 S_2 剖面交点	16621108	4108930
补给渠东南渠首	16622171	4107872

3. 监测点

为监测卤水的渗流驱动与固液转化过程，在试验区内共布设2个纵向（北东–南西向）、6个横向（南东–北西向）长观孔监测剖面，9个渠道测流断面。监测孔平面布设如图7-6所示，结构设计如图7-7所示。各类监测孔总数18个（表7-2），设计钻探总进尺220m。

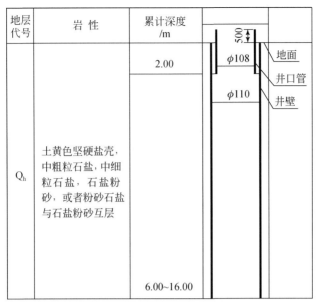

图 7-7　监测孔结构设计示意图

表 7-2　驱动溶矿试验设计钻孔一览表

孔号	孔深/m	口径/mm	说明	高斯坐标 E	高斯坐标 N
ZCS_1T_1-C	15	110	混合监测孔	16620299	4109537
ZCS_1T_2-C	15	110	混合监测孔	16620370	4109607
ZCS_1T_2-A	6	110	浅部监测孔	16620442	4109678
ZCS_1T_2-C	15	110	混合监测孔	16620442	4109678
ZCS_1T_4-A	6	110	浅部监测孔	16620514	4109749
ZCS_1T_4-C	15	110	混合监测孔	16620514	4109749
ZCS_1T_5-C	15	110	混合监测孔	16620705	4109937
ZCS_1T_6-C	8	110	中部监测孔	16621119	4110348
ZCS_2T_1-C	15	110	混合监测孔	16621002	4108823
ZCS_2T_2-C	15	110	混合监测孔	16621080	4108901
ZCS_2T_2-A	6	110	浅部监测孔	16621145	4108966
ZCS_2T_2-C	15	110	（试验进行前打）混合监测孔，地质孔	16621145	4108966
ZCS_2T_2-C*	15	110	（试验后完成后打）地质孔	16621145	4108966
ZCS_2T_4-A	6	110	浅部监测孔	16621222	4109044
ZCS_2T_4-C	15	110	（试验进行前打）混合监测孔，地质孔	16621222	4109044
ZCS_2T_4-C*	15	110	（试验后完成后打）地质孔	16621222	4109044
ZCS_2T_5-C*	15	110	（试验完成后打）地质孔	16621386	4109214

孔号	孔深/m	口径/mm	说明	高斯坐标 E	高斯坐标 N
ZCS_2T_6-C	8	110	中部监测孔	16621821	4109650
累计	220				

注：ZCS_2T_2-C、ZCS_2T_4-C、ZCS_2T_5-C 后带星号表示是增程驱动溶矿试验完成后打的地质研究孔

（1）在监测剖面上，布置不同深度的监测孔或孔组，监测孔编号由 7 个字母和数字组成，不同深度的监测孔分别用编号 ZCS_*T_*-A、ZCS_*T_*-B、ZCS_*T_*-C 表示。编号前两个字母表示项目名称，即为增程的首字母，S 表示纵剖面，T 表示横剖面，$*$ 为数字，S_*T_* 代表第 $*$ 列、第 $*$ 排监测孔的位置，最后的符号 A、B、C 分别代表浅层孔、中层孔和深层孔。

（2）浅部监测孔（ZCS_*T_*-A）孔深 6m，钻探口径 110mm，裸孔。用以监测浅部（0～6m 深度段）晶间卤水水质变化与平均水头，主要分布于第二级补给渠道的两侧的 T_3、T_4 排。井口用 PVC 管，终孔原则是见水后继续打 2m。

（3）中部监测孔（ZCS_*T_*-B）孔深 8m，钻探口径 110mm，裸孔。用以监测中部（0～8m 深度段）晶间卤水水质变化与平均水头，主要分布于 T_6 排。井口用 PVC 管，终孔原则是见水后继续打 4m。

（4）深部监测孔（ZCS_*T_*-C）孔深 15m，钻探口径为 110mm，裸孔。用以监测 15m 深度内混合水位、晶间卤水水质变化，主要分布于 T_1 到 T_5 排，井口用 PVC 管。

流量测量断面设置 9 个（图 7-8），用开普勒流速仪按水文测流规范要求进行。

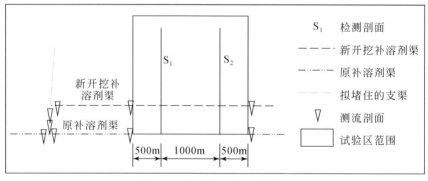

图 7-8　测流剖面位置布设图

4. 野外试验工作内容及质量要求

1）高程测量

所有监测孔和溶剂注入渠道全部建设完成后，对试验区及外围 3km 范围内所有钻孔孔口、溶剂注入渠道高程控制点（不少于 5 个控制点）、采卤渠道高程控制点进行高程测量，对于补给渠高程控制点和测流断面，要设置水文标杆。水准测量精度不低于Ⅳ等。

2）长观孔水位监测

每个监测孔施工完成后，测量静止水位埋深。全部监测孔施工完成后，在溶剂注入渠

道开始进行的前 2 天内，统测试验区内长观孔水位、试验区外围 3km 范围内已有孔水位及采卤渠道的水位埋深。以后每月统测 1 次水位埋深。水位测量的时间记录精确到分。

试验期间水位监测分为两个阶段：一是流场非稳定变化阶段（水位变幅>5cm/d），对各个监测孔剖面的水位变化进行高频率监测，每天 2 次，该阶段估计持续 1~2 周；二是流场基本稳定阶段，监测频率变为每 2~5 天监测 1 次试验区内水位。

3）长观孔水质监测

在溶矿试验开始前（溶剂注入渠道开始的前一天），系统采集每个监测孔与试验区外围 1km 范围内已有孔卤水水质样品并测量水温。采样体积 50mL，用专用样瓶盛装。必测项目包括：K^+、Na^+、Ca^{2+}、Mg^{2+}、Cl^-、SO_4^{2-}、HCO_3^- 等。水温测量用精度为 0.1℃ 的温度计，密度测量用精度为 1.20~1.30g/mL 的密度计，采样前先测量气温并记录天气情况，然后将水样抽入容量为 1L 的量杯（筒）中，立即测量水温和密度。水质监测与水温测量的时间记录精确到分。

试验区试验期间水质监测的原则为：当水质随时间变化急剧时较密，反之较疏，并同时测温。观测孔水质的变化规律除与水动力参数、时间有关外，还与孔的位置及取样段深度有关，对中部盐层段取样密度按以下条件控制：当满足 $U_q \times t > L$ 和 $U \times t < L$ 时（式中 U_q 为孔隙快速水流速度，取值 100m/d；U 为孔隙平均流速，取值 10m/d；L、T 分别为观测孔至注入渠道的距离和溶矿累计时间，按实际值计算），加密观测，密度为每 1~2 天观测 1 次；否则，观测密度为 5~10 天 1 次。

根据以上规则，对所有监测孔的前 100 天取样频度进行安排，水质采样设计见表 7-3。

表 7-3　水样采集设计一览表（100 天试验期）

距离 时间/天	T_2、T_3 8 孔	T_1、T_4 4 孔	T_5 2 孔	T_6 2 孔	第一级 补给渠	第二级 补给渠
1	1	1	1	1	1	1
2	1	1			1	1
3	1	1	1		1	1
4	1	1			1	1
5	1	1	1	1	1	1
7	1	1	1		1	1
10	1	1	1		1	1
15	1	1	1	1	1	1
20	1	1	1		1	1
25	1	1	1	1	1	1
30	1	1	1		1	1
40	1	1	1	1	1	1
50	1	1	1		1	1
60	1	1	1		1	1
70	1	1	1		1	1

| 距离 | T_2、T_3 | T_1、T_4 | T_5 | T_6 | 第一级 | 第二级 |
时间/天	8孔	4孔	2孔	2孔	补给渠	补给渠
80	1	1	1	1	1	1
90	1	1	1	1	1	1
100	1	1	1	1	1	1

设计水质监测样取样深度为：浅层监测孔取地表以下 5m 处的水样，中层监测孔取地表以下 7m 处的水样，深层监测孔取地表以下 5m、7m、10m 和 13m 处的水样。

样品编号格式设计为：ZCS_2T_2-B-10-1，其中，ZCS_2T_2-B 表示孔位，10 代表设计取样深度，1 代表第 1 次统一取样。其他孔位、批次的样品依次类推。

4）溶剂注入渠流量监测

在非稳定流变化阶段，对 9 个测流断面进行高频率监测，每天 3 次，早中晚各 1 次，该阶段估计持续 10 天左右。

进入基本稳定流阶段后，监测频率为每天监测 1 次。

5. 地质研究孔编录与样品采集

在试验区选择同一纵剖面的 3 个钻孔（ZCS_2T_2-C、ZCS_2T_4-C、ZCS_2T_5-C）开展溶矿试验前、溶矿试验后的岩心编录和采集，两次固样采集的位置尽量一致（平面上对比孔间距 <0.5m，垂向上则两次深度基本相同），对比研究，揭示地层微观组构、矿物组合、钾含量等变化规律。

1）岩心编录与样品采集

精细编录，对能分层的野外现场尽量分层，并有准确描述，对全孔岩心及有意义的纹层、矿物晶形、矿物组合等地质现象拍摄照片。

样品采集：连续采集化学分析样品，采集间距 30~50cm，对明显能鉴别出岩性为碎屑类的层位，可适当增大采集间距。对盐层、含矿层等加密采样，10cm 采集 1 件样品。常量元素和微量元素分析样品分别采集。设计采集化学分析和微量元素测试样品 80 件、盐矿鉴定样品约 40 件，并采集孔隙度样品 10 件。所有的样品采用自封袋封装。

2）分析测试

化学分析测试项目为 K^+、Na^+、Ca^{2+}、Mg^{2+}、Cl^-、SO_4^{2-}、CO_3^{2-}，微量元素测试项目为 Br^-、Li^+、B^{3+}、Sr^{2+} 等。盐矿鉴定项目包括薄片、扫描电镜等。

7.2.3　试验过程

察尔汗盐湖别勒滩区段野外增程驱动溶矿试验按设计实施。

固液转化模型为二维平面模型，模拟区选择为 T_3 排至 T_6 排之间的区域。模拟区位置选择主要考虑到第二级补水渠在试验后期发生溶塌，水位测量的基准点变动，水位测量不准确，而 T_2~T_6 之间的区域能较为准确地测量水位；模拟时段选择为 2011 年 12 月 4 日至

2012 年 3 月 29 日，时段长度为 1 天，网格剖分大小为 50m×50m。

7.2.4　试验结果

1. 水动力场

应用模拟程序，对从试验开始（2011 年 12 月 4 日）至试验结束（2012 年 3 月 29 日）共计 117 天的时间段进行水动力模拟，查明溶矿过程中试验区流场的变化规律，计算溶剂入渗补给量。

1）区域流场特征

别勒滩区段溶矿试验尾期实测各观测孔水位埋深，绘制等水位埋深线图（图 7-9），等值线间距为 0.1m。由图可见，试验区水位 ZCS_2T_3 至 ZCS_2T_5 区域流场较为稳定，等水位线基本平行于补水渠，且该区域的卤水水力坡度具有沿水流方向逐渐变小的趋势。

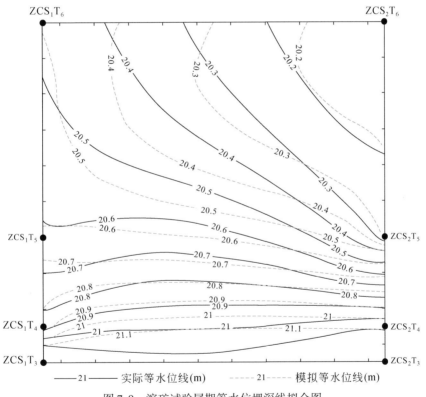

图 7-9　溶矿试验尾期等水位埋深线拟合图

黑色实线为实际等水位埋深线，蓝色虚线为模拟等水位埋深线

以试验尾期时的实测水位作为校正水位，可以看出，模拟等水位埋深线和实际等水位埋深线拟合度较好，说明参数设置合理。校正后参数设置为：$T_2 \sim T_4$ 之间区域的渗透系数为 80m/d，$T_4 \sim T_6$ 之间的渗透系数为 100m/d，蒸发量为 16mm/d。

2）剖面水位变化规律

以监测孔的实测水位来讨论剖面水位变化特点。根据观测资料，虽然不同时刻、不同位置的水位有高有低，但 S 线剖面水位曲线的形状基本相同，故以 S_2 线水位变化曲线（图 7-10）来论述。

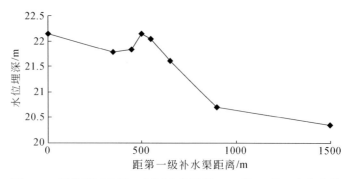

图 7-10　别勒滩试验区 S_2 剖面水位埋深（12 月 12 日）变化曲线

图 7-10 为 2011 年 12 月 12 日 S_2 剖面水位变化曲线，横坐标为距离第一级补水渠的距离，纵坐标为卤水水位，横坐标 0m 和 500m 处分别为第一级补水渠和第二级补水渠位置。第二级补给渠的水位与 T_3 排水位相差约 0.5m，可以认为渠水与晶间卤水是相互连通的，故将渠水水位与晶间卤水水位一同进行比较。

图 7-11a 为 S_2 剖面单级溶矿试验补水渠流线示意图，图 7-11b 为增程驱动溶矿试验补水渠流线示意图；对比发现，采用增程驱动模式后，两条补水渠之间的水位提高，从而增大了溶矿空间。还可看出，增程驱动模式的水力坡度得到了提高，相当于增强了溶矿驱动力，有利于提高溶剂的流动速度，从而提高溶矿率。

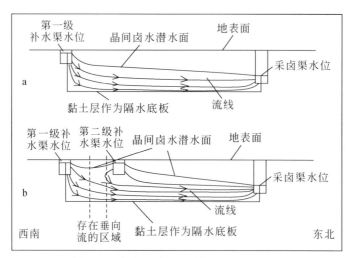

图 7-11　S_2 剖面晶间卤水的单级驱动与增程驱动流线对比示意图

图中带箭头的曲线为流线，不带箭头的曲线为晶间卤水潜水面

可见，增程驱动两条溶剂补给渠的水位均高于地下晶间卤水水位，能形成有效的入渗

补给、运移溶矿。相对于单级驱动溶矿试验，增程驱动模式晶间卤水流场变得较为复杂。只有一级补水渠时，流场比较简单，晶间卤水从上游流向下游，采用增程驱动模式后，晶间卤水流场发生变化，两条补水渠之间水位抬高显著；尽管试验场晶间卤水流动的总体趋势是从西南流向东北，但受第二级补水渠入渗、水位抬升的影响，局部产生一部分溶剂径流方向的改变，有一部分溶剂要从东北流向西南，在两级补给渠的中间区域同时存在向东北方向和向西南方向流动的晶间卤水。两条补水渠中间区域同时存在向上游和向下游流动的晶间卤水，两种相对流向的晶间卤水必然会在两条渠之间某处汇合，从而在局部区域产生垂向流。

两级溶剂补水渠之间水位较高、水力坡度较小，而二级补水渠下游水位迅速降低、水力坡度增大，总体上看，增程驱动溶矿既增大了溶矿空间，又提高了溶矿驱动力。

3）渠道入渗量

从计算得到的渠道日渗漏量历时曲线（图 7-12）可以看出，渠道渗漏量的总体变化趋势是变小，这种变化与第二级补水渠水位的变化趋势是相同的。

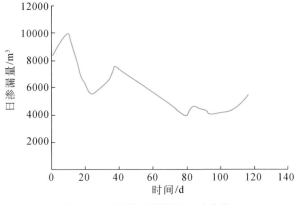

图 7-12　渠道日渗漏量历时曲线

经计算（图 7-13），从试验开始至试验结束，第二级补水渠的总渗漏量为 $6.84 \times 10^6 \, \text{m}^3$。

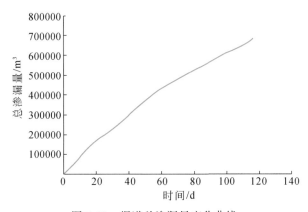

图 7-13　渠道总渗漏量变化曲线

2. 水化学场

1）溶剂组分变化

补水渠渠水各离子浓度的历时变化曲线见图 7-14。

可以看出，K^+ 浓度相对其他离子浓度较低。各离子浓度除局部波动外，其余时间段均无明显变化，说明渠水水质比较稳定。

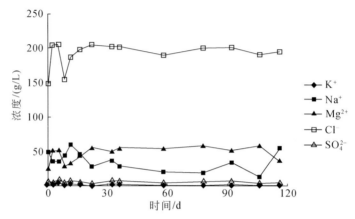

图 7-14　渠水水质变化历时曲线

2）监测孔卤水化学组分变化

ZCS_1T_2 孔是位于两条补水渠之间的监测孔，距离第二级补水渠的距离是 50m，从 ZCS_1T_2 孔 3m 深晶间卤水各离子的浓度历时曲线（图 7-15）可见，其离子浓度与渠水的离子浓度相近，表明 ZCS_1T_2 孔处的晶间卤水与渠水有密切的水力联系。

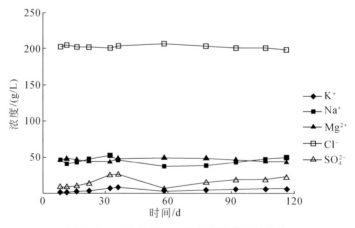

图 7-15　ZCS_1T_2 孔 3m 深水质变化历时曲线

ZCS_1T_5 孔距离第二级补水渠 400m，该孔 3m 深的水质变化历时曲线（图 7-16）表明，其 K^+ 浓度高于渠水，其他离子浓度与渠水也有一定的差异，表明溶剂在地层中流动的过程中发生了明显的固液转化反应。

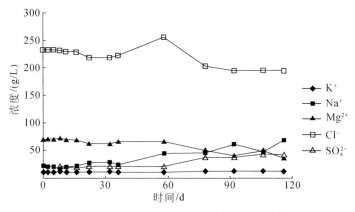

图 7-16　ZCS_1T_5 孔 3m 深水质变化历时曲线

3）两级补水渠间卤水组分垂向变化

两补水渠之间各孔不同深度晶间卤水 K^+ 浓度对比历时曲线见图 7-17。可见，不同深度卤水 K^+ 浓度存在差异，其主要表现为随着深度的增大，K^+ 浓度逐渐增高。究其原因，在两渠之间存在垂向流，溶剂从地表向地层深处流动，在流动的过程中溶解固体地层中的 K^+，导致 K^+ 含量呈现增大的趋势。

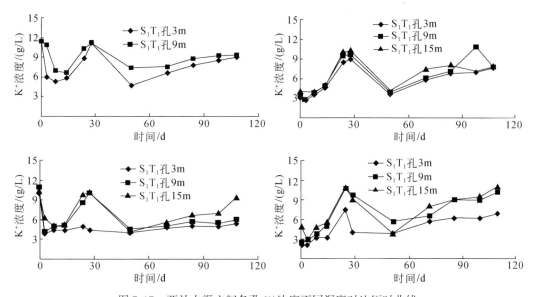

图 7-17　两补水渠之间各孔 K^+ 浓度不同深度对比历时曲线

以 ZCS_1T_2 孔为例，分析不同深度 Na^+、Mg^{2+} 的浓度变化。由图 7-18、图 7-19 可以看出，两渠之间的 Na^+、Mg^{2+} 浓度相近，在 3m、9m、15m 深度的晶间卤水 Na^+、Mg^{2+} 浓度基本相同。

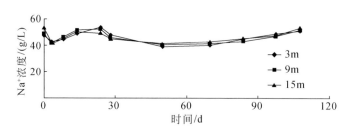

图 7-18　ZCS₁T₂孔不同深度 Na⁺浓度对比历时曲线

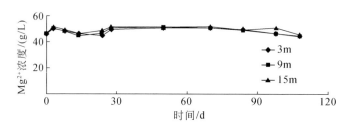

图 7-19　ZCS₁T₂孔不同深度 Mg²⁺浓度对比历时曲线

4）试验区后排监测孔卤水组分垂向变化

后排监测孔包括 T_3、T_4、T_5、T_6 排，其中 T_5、T_6 排监测孔中晶间卤水组分试验期间变化不大，故着重分析 T_3、T_4 排监测孔的浓度变化。T_3、T_4 排距离第二级补水渠较近，分别为 50m 和 150m，受溶剂的影响较为明显，直观地表现为浅层晶间卤水浓度与溶剂组分接近。以 ZCS_1T_3 孔为例分析该区域卤水组分的垂向变化规律。

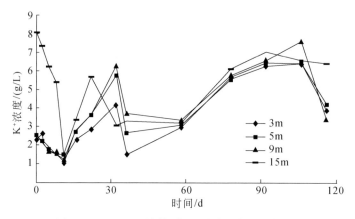

图 7-20　ZCS₁T₃不同深度 K⁺浓度变化历时曲线

ZCS_1T_3 孔不同深度 K⁺浓度变化历时曲线（图 7-20）反映出：在试验后期，不同深度的 K⁺浓度较为一致；而在试验刚开始时，3m、5m、9m 深度处晶间卤水的 K⁺浓度较为接近，与 15m 深度处晶间卤水的 K⁺浓度相差较大，推测此时 15m 深度处的晶间卤水尚未受到溶剂的影响。随着试验的进行，15m 深度的晶间卤水 K⁺浓度发生变化，到试验后期，15m 深度的 K⁺浓度与 3m、5m、9m 深度的相近，说明溶矿试验驱动液化的深度大于 15m。

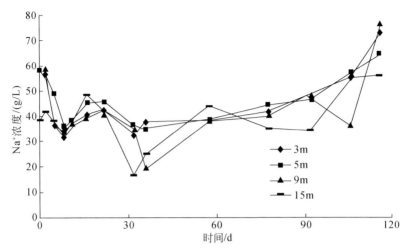

图 7-21　ZCS_1T_3 孔不同深度 Na^+ 浓度变化历时曲线

图 7-21、图 7-22 为 ZCS_1T_3 孔不同深度晶间卤水的 Na^+、Mg^{2+} 浓度历时变化曲线，从图中不难看出，两离子在 3m、5m、9m、15m 卤水中总体含量变化不大。

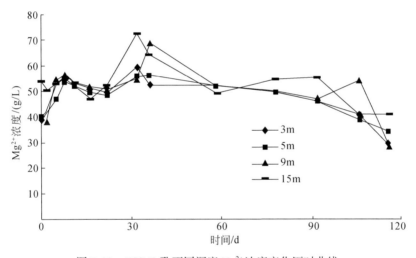

图 7-22　ZCS_1T_3 孔不同深度 Mg^{2+} 浓度变化历时曲线

5）监测剖面卤水组分变化规律

K^+ 浓度对比（图 7-23）：对比补水渠渠水与监测剖面 S_1 列深晶间卤水（3m） K^+ 浓度变化规律，发现各监测孔中 K^+ 浓度明显高于渠水中 K^+ 浓度，溶剂在流动的过程中溶解了地层中的含钾矿物，且具有增高的趋势，说明溶矿取得成效。对于第二级补水渠下游的监测孔，T_3、T_4、T_5 排监测孔中 K^+ 浓度不断升高，说明溶剂在流动的过程中不断溶解含钾矿物。而 T_6 排晶间卤水中的 K^+ 浓度低于 T_5 排的晶间卤水，这可能与光卤石达到饱和并析出 K^+ 有关。

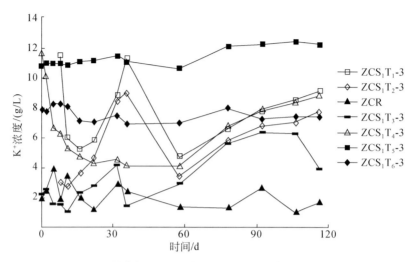

图 7-23　渠水与 S_1 列不同孔 3m 深晶间卤水 K^+ 浓度对比

Mg^{2+} 浓度对比（图 7-24）：总体上具有渠水 Mg^{2+} 浓度相对较高、地层卤水 Mg^{2+} 浓度较低的特点，说明渠水在进入地层中后，析出了 Mg^{2+}。

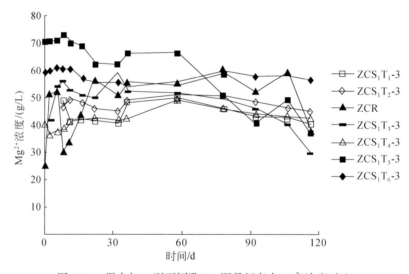

图 7-24　渠水与 S_1 列不同孔 3m 深晶间卤水 Mg^{2+} 浓度对比

Na^+ 浓度对比（图 7-25）：渠水中 Na^+ 浓度相对较低，晶间卤水中 Na^+ 浓度相对较高，说明渠水进入地层后，溶解了地层中的石盐。

TDS 浓度对比（图 7-26）：渠水的 TDS 相对较低，晶间卤水的 TDS 相对较高，进一步证明溶剂进入地层后溶解了地层中的易溶盐。

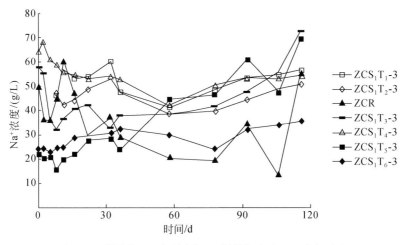

图 7-25　渠水与 S_1 列不同孔 3m 深晶间卤水 Na^+ 浓度对比

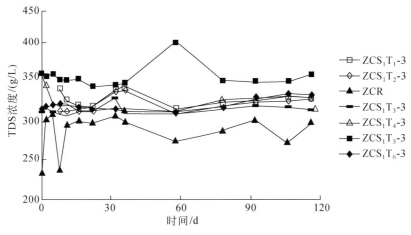

图 7-26　渠水与 S_1 列不同孔 3m 深晶间卤水 TDS 对比

6）剖面 S_1 活度积历时变化特征

（1）NaCl 活度积：对比 S_1 剖面 NaCl 活度积与渠水位历时曲线（图 7-27）可见，渠水的 NaCl 活度积小于 T_3、T_4 排晶间卤水 NaCl 的活度积，说明渠水（溶剂）在进入地层后溶解了固相的 NaCl，从而导致 NaCl 活度积升高。T_5 排 NaCl 的活度积在整个试验过程中都高于 T_3、T_4 排，且处于饱和状态（NaCl 的溶度积约为 40），说明 T_5 排晶间卤水长期与围盐相互作用，处于平衡状态。

（2）KCl 活度积：据 S_1 剖面 KCl 活度积与渠水位对比历时曲线（图 7-28），实心和空心方框分别代表渠水 KCl 的活度积和渠水位。可见，渠水 KCl 的活度积小于 T_3、T_4 排晶间卤水 KCl 的活度积，说明渠水（溶剂）在进入地层后溶解了固相的钾盐，从而导致 KCl 的活度积升高。

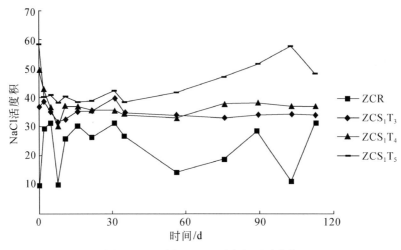

图 7-27 S_1 剖面 NaCl 活度积历时曲线

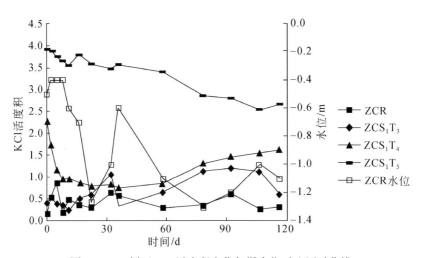

图 7-28 S_1 剖面 KCl 活度积变化与渠水位对比历时曲线

T_4 排晶间卤水的活度积大于 T_3 排晶间卤水的活度积，这是由于溶剂进入地层后，在流动的过程中不断溶解含钾矿物。试验开始时 T_5 排的 KCl 活度积比较高，明显高于 T_3、T_4 排晶间卤水的 KCl 活度积，说明卤水与围盐相互作用，溶解了固相中的含钾矿物，并处于平衡状态。试验开始后，随着试验的进行，受到低钾溶剂的影响，其活度积不断降低。

（3）$KMgCl_3 \cdot 6H_2O$ 活度积：不同监测孔 $KMgCl_3 \cdot 6H_2O$ 活度积变化历时曲线（图 7-29）显示，T_3、T_4 排晶间卤水由于受溶剂影响，光卤石的活度积很小，T_5 排的晶间卤水处于与围盐长期相互作用的状态，光卤石的活度积较大。

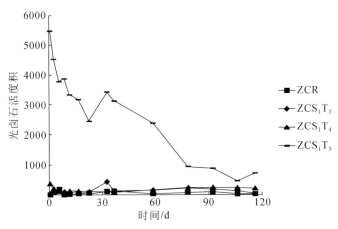

图 7-29 S_1 剖面不同监测孔光卤石活度积变化历时曲线

3. 水动力与水化学场耦合

1）补水渠水位与 T_3、T_4 排监测孔卤水 K^+ 浓度关系

由 T_3、T_4 排监测孔晶间卤水 K^+ 浓度与补水渠水位关系图（图 7-30）可见，补水渠中 K^+ 浓度低于晶间卤水，T_3 排晶间卤水受溶剂影响，K^+ 浓度的变化与补水渠的水位变化趋势相反：当补水渠水位升高时，ZCS_1T_3 孔 3m 深的晶间卤水中 K^+ 浓度降低，当补水渠水位降低时，ZCS_1T_3 孔 3m 深的晶间卤水中 K^+ 浓度升高。

在试验开始阶段，补水渠中水位较高，补水渠中的溶剂进入地层，由于溶剂中 K^+ 浓度较低且 T_3 排距离补水渠较近，受溶剂影响，T_3 排晶间卤水中 K^+ 浓度降低，此时 T_4 排尚未受到溶剂影响，且 K^+ 浓度相对较高。试验进行一段时间之后，溶剂开始影响到 T_4 排区域，T_4 排中 K^+ 浓度开始下降。

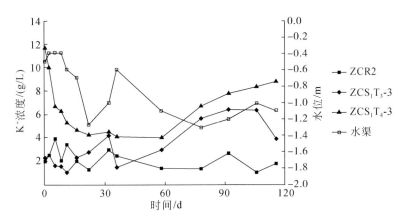

图 7-30 增程试验 T_3、T_4 排晶间卤水 K^+ 浓度与渠水位关系图

2）T_1、T_2 排监测孔卤水水位与 K^+ 浓度关系

对比 T_1、T_2 排晶间卤水 K^+ 浓度与水位的关系（图 7-31）可以看出：当 T_1、T_2 排监测

孔水位上升时，K$^+$浓度下降；当 T_1、T_2排水位下降时，K$^+$浓度上升。

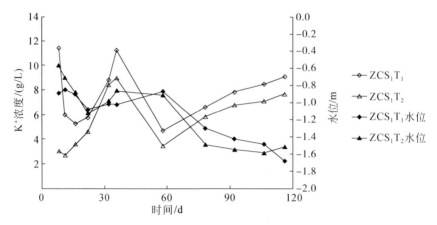

图 7-31　T_1、T_2排晶间卤水 K$^+$浓度与水位关系图

3）T_3、T_4排监测孔卤水光卤石活度积与补水渠水位的关系

据 T_3、T_4排晶间卤水光卤石活度积与补水渠水位的历时曲线（图 7-32），可以看出，光卤石活度积的变化与渠水位的升降有关。

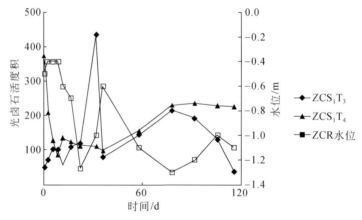

图 7-32　光卤石活度积变化与渠水位对比历时曲线

（1）在试验初期补水渠溶剂补给的第 1 个阶段，补水渠中溶剂充足，大量低钾溶剂迅速进入地层，导致 T_3排光卤石活度积较低，甚至与渠水光卤石的活度积一致，T_4排的晶间卤水受到溶剂影响，光卤石活度积也降低。

（2）在试验初期补水渠停止供溶剂的第 2 个阶段，供卤渠水位降低，溶剂进入地层中的量减少甚至停止，T_3排光卤石活度积出现了明显的上升，这是由于晶间卤水流动缓慢，与围盐相互作用，溶解了固相中的含钾矿物。

（3）在试验中期继续供卤的第 3 个阶段，补水渠水位上升，溶剂又开始大量进入地层，受低钾溶剂的影响，T_3排光卤石活度积下降，且 T_3排晶间卤水的活度积与渠水的活度积相差不大。

（4）在试验中期停止供卤的第 4 个阶段，T_3、T_4 排晶间卤水光卤石活度积再次上升，这与第二个阶段中光卤石活度积上升的原理是一致的。

（5）在试验后期再次供卤的第 5 个阶段，受低钾溶剂的影响，T_3 排晶间卤水光卤石活度积再次出现下降，但是由于供卤量较小，T_3 排晶间卤水光卤石活度积的降低不如之前两次明显。

由此可见，地层中晶间卤水光卤石的活度积变化受到溶剂质和量的控制。

7.3　溶矿效果分析

察尔汗盐湖别勒滩区段溶矿试验区由模型模拟计算得到低品位固体钾盐溶解量的变化曲线（图 7-33）。

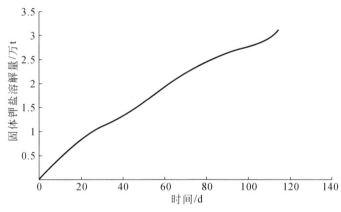

图 7-33　别勒滩增程驱动液化钾盐资源量变化曲线

可见，溶剂不断溶解地层中的固体钾盐，溶解量在试验前期快速增高，中后期则增速缓慢，整个试验过程，由试验区监测孔水质变化确定地层中 K^+ 的总溶解量为 $12.28 \times 10^4 t$，换算成 KCl 为 $22.92 \times 10^4 t$。

用地层低品位钾盐的溶解总量、溶剂的总渗入量，可以计算得到每立方米溶剂对固体钾盐的溶解量，即本次增程驱动溶矿试验溶剂溶矿效率为 $5kg/m^3$，换算计量单位，得到溶矿试验 KCl 的平均增量为 $10kg/m^3$。

第8章 可溶采钾盐资源量评价

根据地质勘查报告和 3DMine 矿业软件核算成果，评价察尔汗盐湖别勒滩区段低品位固体钾盐资源量，根据野外溶矿试验获取的参数和成果，估算可溶采的资源量，提出开发方案建议。

8.1 固体钾盐资源量估算

8.1.1 已有勘查成果

引用 1988 年的地质勘查报告资料，别勒滩区段固体钾矿分布面积 906.85km²，自下而上分为 7 个矿层（表 8-1），估算固体钾盐资源量（表 8-2）。

表 8-1 固体钾盐矿层特征

矿层编号	地层层位	面积/km²	矿层形态	厚度/m	平均品位/%	矿石岩性	埋深/m
KDL	Q_3^{Ss3}	913.94	层状、少数扁豆状及透镜状	一般 8		含光卤石石盐；粉砂石盐钾矿	20~70
K_7	Q_3^{Ss3}（上部）	344.5	薄层状–小透镜状	一般 0.5	2.53~15.17	含光卤石石盐钾矿	0~3
K_5	Q_3^{Ss3}（下部）	412	似层状–扁豆状	一般 0.9~1.58	3.02~7.60	粉砂石盐钾矿	4~9
K_4	Q_3^1	463	层状，不连续	0.4~6.80	3.08~13.02	粉砂石盐钾矿	12~18
K_3	Q_4^{S1}	16	透镜状，零星分布	0.24~3.5	2.93	粉砂石盐钾矿	19
K_2	Q_3^{S2}	19.7	透镜状，零星分布	0.5~1.65	2.96	粉砂石盐钾矿	33
K_1	Q_3^{S1}	43.5	透镜状，不连续	0.40~3.4	2.96	粉砂石盐钾矿	

资料来源：青海钾肥厂，1988 年 9 月，青海省格尔木市察尔汗盐湖钾镁矿床地质综合报告（含固体钾矿储量计算）；KDL 表示低品位矿层

表 8-2 别勒滩固体钾矿 KCl 储量 （单位：10^4t）

矿层编号	品级	表内矿			表外矿		
		B	C_1	C_2	B	C_1	C_2
K_7	a	87.10					
	b	273.65					
	c				726.17	159.62	38.76

续表

矿层编号	品级	表内矿			表外矿		
		B	C_1	C_2	B	C_1	C_2
K_5	b	139.79					
	c				2790.93	304.19	608.23
K_4	a	38.25					
	b	270.94		170.67			
	c				3743.07	192.15	386.88
K_3	c					75.95	
K_2	c					21.76	15.67
K_1	b	63.33		69.94			
	c					119.05	59.23
K_4	S_3				2297.45	4159.67	1317.13
	S_2				373.39	1092.90	142.19
合计		809.76	91.12	240.61	9661.01	6125.29	2568.09
总计		1141.49			18354.39		
		19495.88					

资料来源：青海钾肥厂，1988 年 9 月，青海省格尔木市察尔汗盐湖钾镁矿床地质综合报告（含固体钾矿储量计算）。

注：a 品级表示 KCl 大于 12%；b 品级表示 KCl = 12% ~ 6%；c 品级表示 KCl 6% ~ 2%；d 品级表示 KCl 2% ~ 0.5%。

B 表示原固体勘探规范网度分类，即钻孔间距为（1.0 ~ 0.5km）×（1.0 ~ 0.4km）；C 表示原固体勘探规范网度分类，即钻孔间距为（2.0 ~ 1.0km）×（2.0 ~ 0.8km）。

8.1.2　本次模型估算

根据最新的数据库资料，应用 3DMine 矿业软件，计算别勒滩区段固体钾盐资源量。

1. 计算公式

KCl 资源量 = 面积×厚度×体重（比重）×品位

2. 参数确定

面积：别勒滩区段的矿区面积为 900.05km²。

厚度：由钻孔揭示的实际矿层厚度，对地层实体模型进行约束后，由软件进行赋值。

体重（比重）：根据基础地质资料提供的固矿 KCl 的比重数据统一为 1.52g/cm³。

品位：由数据库化验表–固样来计算（图 8-1）。

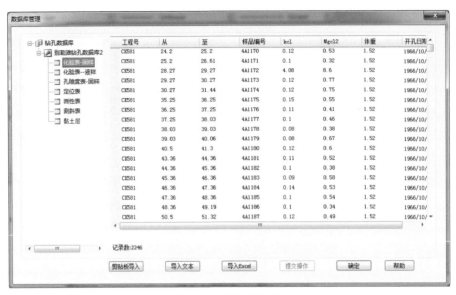

图 8-1　固矿化验表

3. 固矿估值参数

距离幂次 = 2
样品点数目 = 911
主轴搜索半径 = 94.000
主/次轴 = 5.000
主/短轴 = 100.000
主轴方位角 = 90.000
侧伏角 = 0.000
主轴倾角 = 0.000
最少样品点 = 3
最多样品点 = 12
钻孔孔数目 = 63
单孔引用次数限制 = 3

4. 固体钾盐矿估值

矿块划分完成后，需对划分得到的矿块进行品位插值，最终得到每个小块段的品位值。3DMine 矿业软件提供了三种空间插值的方法：最近距离法、距离幂次反比法和普通克里金法。本次研究以距离幂次反比法为例，介绍别勒滩区段块体模型建立流程。

距离幂次反比插值基于相近相似的原理，即两个物体离得越近，它们的性质就越相似，反之，离得越远则相似性越小。在进行空间插值时，估测点的信息来自于周围的已知点，信息点距估测点的距离不同，它对估测点的影响也不同，其影响程度与距离呈反比。距离幂次反比法插值的一般步骤如下。

（1）以被估单元块中心为圆心、以影响半径 R 画圆，确定影响范围（三维状态下，圆变为球）；

（2）计算落入影响范围内每一样品与被估单元块中心的距离；

（3）利用下式计算单元块的品位 X_b：

$$X_b = \frac{\sum\limits_{i=1}^{n} \frac{X_i}{d_i^N}}{\sum\limits_{i=1}^{n} \frac{1}{d_i^N}}$$

式中，X_i 为落入影响范围的第 i 个样品的品位；d_i 为第 i 个样品到单元块中心的距离。

如果没有样品落入影响范围之内，单元块的品位为零。公式中的指数 N 对于不同的矿床取值不同。在品位变化小的矿床，N 取值较小；在品位变化大的矿床，N 取值较大。在铁、镁等品位变化较小的矿床中，N 一般取 2；在贵重金属（如黄金）矿床中，N 的取值一般大于 2，有时高达 4 或 5。如果存在区域差异性，不同区域中品位的变化不同，则需要在不同区域取不同的 N 值。同时，一个区域的样品一般不参与另一区域的单元块品位的估值运算。

距离幂次反比法是一种较为快速的插值方法，当数据点的个数很多时就要根据搜索体来选取以待估点为中心的一个区域内的数据点参加插值计算，一般以与矿体走向、倾向一致的椭球体（图 8-2）范围内的样品点作为已知点，进而对矿块模型的各个单元进行估值（图 8-3、图 8-4）。

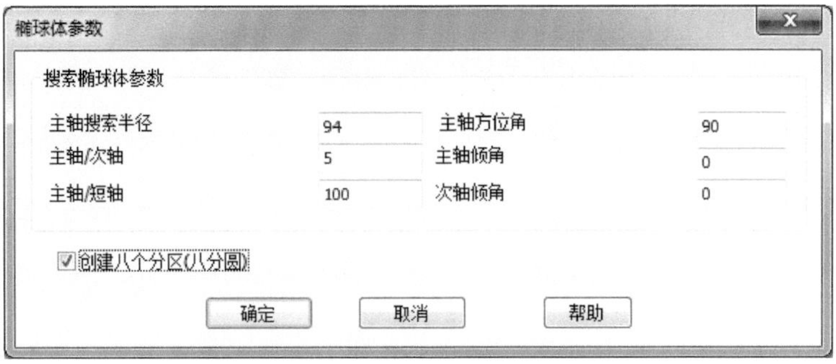

图 8-2　搜索椭球体参数设置

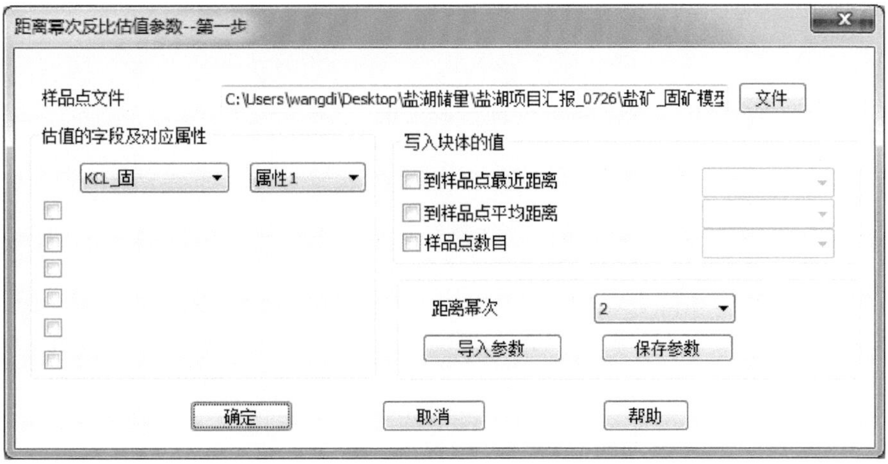

图 8-3　距离幂次反比法估值参数设置一

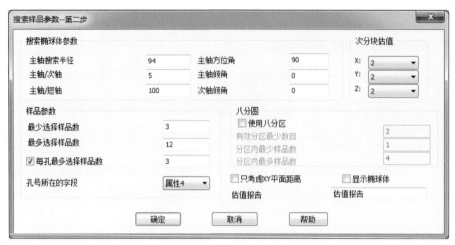

图8-4　距离幂次反比法估值参数设置二

5. 资源量计算

由 3DMine 矿业软件计算出别勒滩区段的固体钾盐资源量为 1.85×10^8 t（表 8-3），其中低品位固体钾盐（0.5% ~ 6.0%）占总资源量的 99% 以上。

表 8-3　低品位固矿 KCl 资源量

矿体品位（KCl）/%	矿体重量/t	KCl_固样平均品位/%	KCl_固样资源量/t
总量（≥0.5）	15429520000	1.20	184937007
>0.5 ~ 2.0	13462260000	0.99	133908048
>2.0 ~ 6.0	1965740000	2.59	50932260
>6.0 ~ 99.0	1520000	6.36	96699

8.2　溶矿特征及效果对比

对比分析溶矿试验前后矿物组成、结构构造、物性以及化学组成等的变化特征，评价溶矿效果，计算可液化开采（溶采）的钾盐资源量。

8.2.1　溶矿特征

1. 钾盐矿物结构变化

对钾盐矿物结构变化的分析，主要通过薄片和扫描电镜对溶矿前后同样深度取得的固体样品进行观察对比。

1）薄片鉴定

溶矿前在 ZCS_2T_5 的 0 ~ 0.30m、2.70 ~ 2.90m 和 3.20 ~ 5.90m 镜下均发现少量光卤

石，溶矿后同样深度未发现光卤石。

镜下可以观测到试验后石盐和杂卤石的溶蚀现象明显（照片 8-1），纤维状杂卤石在试验后变得相对疏松，照片 8-2 可以看出溶矿后石盐晶体沿解理破碎，边部被溶蚀。

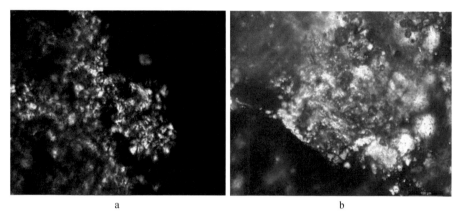

a　　　　　　　　　　　　b

照片 8-1　试验后杂卤石变化（$ZCS_2T_3 8.30 \sim 8.65m$）

a. 试验前；b. 试验后

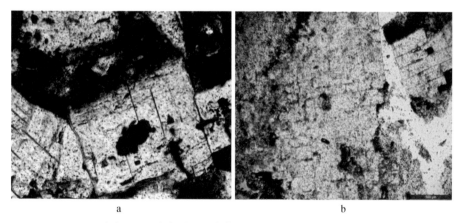

a　　　　　　　　　　　　b

照片 8-2　试验后石盐变化（$ZCS_2T_3 13.47 \sim 14.10m$）

a. 试验前；b. 试验后

2）扫描电镜结果分析

利用扫描电镜观察试验前后矿物的溶蚀情况，进而看出溶矿效果。主要对石盐、杂卤石以及光卤石进行对比。

石盐：由照片 8-3 和照片 8-4 可以看出，同一层位的石盐晶体，在试验前多呈立方体状，棱角明显，而试验后石盐晶体棱角被溶蚀，且溶洞发育。

杂卤石：试验前后杂卤石的形态变化较小，都为自形晶，微晶，纤维放射状或绒球状集合体。扫描电镜下溶蚀现象并不明显，但在薄片中较明显。

光卤石：试验前光卤石多呈半自形晶（照片 8-5，照片 8-6），晶体大小可达 0.2mm，试验后光卤石多呈溶蚀状态，晶体大小多呈微米级别。

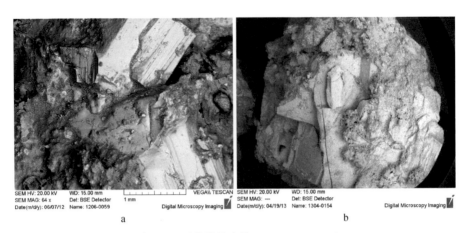

照片 8-3　石盐晶体变化（$ZCS_2T_3$13.60m）

a. 试验前；b. 试验后

照片 8-4　石盐晶体变化（$ZCS_2T_4$6.40~6.50m）

a. 试验前；b. 试验后

照片 8-5　光卤石变化（$ZCS_2T_5$13.65~13.80m）

a. 试验前；b. 试验后

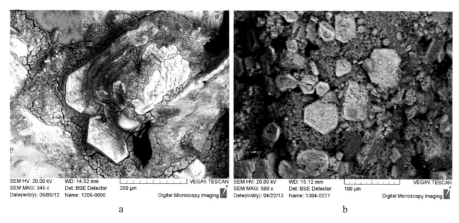

照片 8-6 光卤石晶体变小 （ZCS$_2$T$_5$ 16.70~16.95m）

a. 试验前；b. 试验后

通过对比可以看出，溶矿试验后石盐晶体多被溶蚀，光卤石晶体变小，呈他形粒状，溶蚀现象明显。

2. 物性变化

试验前后共对 37 件样品进行了体重、湿度、孔隙度以及给水度的测试。其中试验后，由于地层松散程度变化，只取得 9 组层位相同的孔隙度样品，对比溶矿前后物性的变化结果（表8-4）。

表8-4 试验孔试验前后物性变化表

孔号	采样深度/m	体重/（g/cm^3）		湿度/%		孔隙度/%		给水度/%	
		试验前	试验后	试验前	试验后	试验前	试验后	试验前	试验后
ZCS$_2$T$_3$	0~0.30	1.73	1.67	1.10	2.86	15.30	20.09	13.40	15.31
	5.16~5.36	1.77	1.71	3.48	3.82	15.43	18.98	9.27	12.45
	8.30~8.65	1.75	1.74	2.28	3.93	15.34	17.65	11.35	10.81
	8.85~10.00	1.72	1.78	4.53	9.16	18.71	19.95	10.92	3.65
ZCS$_2$T$_4$	1.80~2.40	1.70	1.73	2.10	4.94	17.61	18.59	14.04	10.04
	17.20~17.85	1.72	1.68	5.57	3.58	19.99	19.81	1.41	13.80
ZCS$_2$T$_5$	0.40~1.20	1.67	1.65	0.59	0.87	18.22	19.43	17.23	17.99
	2.40~2.90	1.76	1.72	13.03	4.97	24.60	19.48	1.67	10.93
	9.30~10.30	1.75	1.77	3.26	3.72	16.19	16.05	10.49	9.47
ZCS$_2$T$_3$孔平均值		1.75	1.73	4.09	4.48	17.05	18.74	9.82	10.94
ZCS$_2$T$_4$孔平均值		1.73	1.73	3.80	4.12	18.04	19.06	8.47	12.02
ZCS$_2$T$_5$孔平均值		1.74	1.73	5.94	4.30	19.12	18.90	8.64	11.48
三个孔加权平均值		1.74	1.73	4.61	4.30	18.07	18.90	8.98	11.48

孔隙度：试验后孔隙度整体上升，平均增加 0.83%，其中 ZCS$_2$T$_3$ 孔增加最大，孔隙

度增大 1.69%。

给水度：平均值升高 2.5%，增幅较大，说明溶矿后有效孔隙度增加。

体重：试验后体重整体上有所降低，体重平均降低 0.01g/cm³，降低程度最大的在 ZCS_2T_3 的 0～0.30m 和 5.16～5.36m，降低 0.06g/cm³，有所增加的出现在 ZCS_2T_4 的 1.80～2.40m 和 17.20～17.85m 以及 ZCS_2T_5 的 9.30～10.30m。反映远离溶剂补给渠溶矿效果逐渐降低。

湿度：溶矿后湿度整体增加，只在 ZCS_2T_4 的 17.20～17.85m 和 ZCS_2T_5 的 2.40～2.90m 稍有降低。说明溶剂有效补给晶间卤水。

8.2.2　效果对比

1. 卤水变化

1）等水位线对比

对比增程驱动溶矿试验第 8 天时的等水位埋深线图（图8-5）和单级驱动溶矿试验进行 7 天后水位分布特征（图8-6），对比以上两图中的试验区水位可以看出，增程驱动溶矿模式下晶间卤水水位明显高于单级驱动溶矿模式，说明增程驱动溶矿模式明显提高了晶间卤水水位。

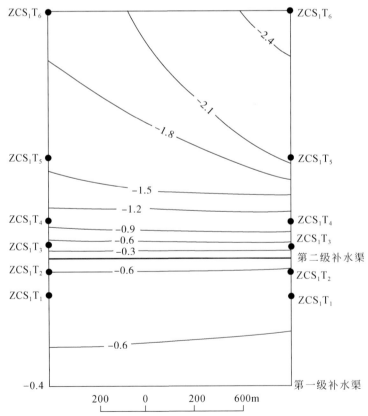

图 8-5　增程驱动溶矿试验开始第 8 天等水位线图

水位值的计算以地表为 0 基准面，等高距 0.3m

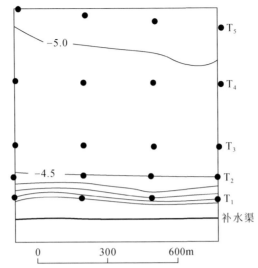

图 8-6　单级驱动溶矿试验开始 7 天后等水位线图

水位值的计算以地表为 0 基准面，等高距 0.5m

2）剖面水位变化对比

对比单级驱动与增程驱动溶矿试验末期剖面水位（图 8-7），发现横坐标为 0m 附近的水位，增程驱动溶矿模式下试验区晶间卤水水位明显高于单级驱动溶矿的晶间卤水水位，这一点可能是单级驱动试验补水渠析盐造成渗透性降低造成的；对比横坐标 500m 附近的水位，由于第二级补水渠的存在，第二级补水渠附近的水位较单级驱动溶矿试验的水位有了明显的升高，说明在增程驱动溶矿模式下，有效增大了溶矿空间。

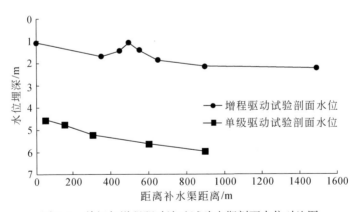

图 8-7　单级与增程驱动溶矿试验末期剖面水位对比图

3）卤水 K^+ 浓度历时变化对比

在单级驱动溶矿试验中，T_1 排的监测孔与补水渠的距离是 50m，在增程驱动溶矿试验中，T_3 排的监测孔与第二级补水渠的距离是 50m，因此，分析对比这 2 个孔位卤水 K^+ 浓度的变化（表 8-5）具有代表性。

表 8-5 单级与增程驱动溶矿试验卤水 K^+ 浓度对比表

增程驱动溶矿试验			单级驱动溶矿试验		
试验天数	ZCS_2T_3/(g/L)	渠道/(g/L)	试验天数	S_2T_1/(g/L)	渠道/(g/L)
0	2.60	2.01	0	26.25	2.72
2	2.32	2.54	4	7.40	2.52
5	1.68	4.00	5	6.47	2.18
8	1.54	2.06	6	4.87	2.28
11	1.14	3.44	11	5.67	2.25
16	2.77	1.99	17	9.66	2.00
22	3.66	1.26	26	12.83	2.10
32	6.28	3.00	37	17.20	2.42
36	3.73	2.47	49	18.12	2.55
58	3.33	1.43	71	13.04	2.85
78	5.86	1.39	80	3.76	3.05
92	6.59	2.72	88	13.98	7.05
106	7.65	1.07	95	15.93	3.23
116	3.38	1.82	102	16.10	4.30

由表可见，单级驱动溶矿试验所用溶剂中 K^+ 浓度略高于增程驱动溶矿试验中所用溶剂的 K^+ 浓度。溶剂流程 50m 时，在单级驱动溶矿试验中，K^+ 浓度最高达到了 18g/L，在增程驱动溶矿试验中，K^+ 浓度最高达到了 8g/L，总体来看，单级驱动溶矿试验中 S_2T_1 孔 K^+ 浓度高于增程驱动溶矿试验中 ZCS_2T_3 孔，可能的原因有两方面：一是试验区固体钾含量的差异。单级驱动溶矿试验区离涩聂湖较远，基本处于天然状态，固体中 K^+ 品位比较高，而增程驱动溶矿试验区上游的第一级补水渠在试验开始前已存在且一直在使用中，即在试验开始之前，该处区域的地层就被溶解了一段时间，则试验区中固相 K^+ 的品位相对较低。二是单级驱动溶矿试验的供卤渠在试验进行一段时间后渠壁析盐，使补水卤渠的渗透能力下降，溶剂在地层中流动的速度较慢，与地层发生较充分的固液转化反应，而增程驱动溶矿试验时没有结盐，使得溶剂在补给、运移速度较快，固液反应时间相对较短。

综上分析，增程驱动溶矿模式提高了晶间卤水的水位，水位升幅为 1~2m，增大了溶矿空间，有利于开发地表的固体钾矿；验证了晶间卤水中的 K^+ 在驱动溶解的方向上会有所累积，即 K^+ 浓度不断升高。

2. 固体钾含量变化

单级驱动试验区面积为 $1km^2$，在 16 个月的溶矿试验时间内 KCl 含量减少 0.47%，溶矿率达到 21.9%，溶矿量为 $17.9×10^4t$。

增程驱动试验区面积 S 为 $4km^2$、厚度 H 为 18m。在增程试验前，KCl 品位 C 为 2.34%、体重 p 为 $1.74g/cm^3$，可得：溶矿前的固体钾盐 KCl 资源量 $Q_{总量}=S×H×C×p=4×10^6×18×2.34\%×1.74t≈293.16×10^4t$。在增程试验后，KCl 品位 C 为 1.60%，体重 p 为

1.73g/cm^3，可得：溶矿后固体钾盐 KCl 量 $Q_{溶矿后} = 4 \times 10^6 \times 18 \times 1.60\% \times 1.73\text{t} \approx 199.30 \times 10^4\text{t}$。计算得到试验区可溶出 KCl 量：$Q_{溶出量} = Q_{总量} - Q_{溶矿后} = 93.86 \times 10^4\text{t}$。溶矿率：$\gamma = Q_{溶出量}/Q_{总量} = 32.0\%$。

与单级驱动试验区相比，试验时间减少 3 个月，但溶矿有效距离大于 900m，溶矿量也有较大提升（表 8-6）。溶矿特征详见增程驱动与单程驱动溶矿效果对比表。

表 8-6 增程驱动与单级驱动溶矿效果对比表

试验性质	试验区面积/km²	时间/月	钾盐矿物	控制深度/m	溶矿有效距离/m	溶矿量/(×10⁴t/ km²)	溶矿率/%	备注
单级驱动	1	16	杂卤石、光卤石、钾石盐	22.42	<300	17.9	21.9	溶矿现象明显
增程驱动	4	13	杂卤石、少量光卤石	18.00	>900	23.5	32.0	溶矿现象明显

8.3 钾盐资源量评价

固体钾盐可液化率（或溶采量）可通过以下 3 种方法评价确定。

（1）野外静态试验成果，利用大规模的野外静态试验资料，通过 Pitzer 理论模拟试验过程，计算确定固体钾盐的溶采率及可溶采量。

（2）固体钾减量法：根据试验前后地层中固体钾盐含量的变化，计算评价低品位固体钾盐可溶采量。

（3）卤水钾增量法：通过分析增程驱动试验过程监测孔卤水水质变化，即根据溶剂中钾离子增量，计算出单位溶剂对固体钾盐的液化效率，驱动模型可以进一步扩展为区域模型，作为大规模驱动溶解（溶采）条件下，定量分析评价固体钾矿资源采出量的有效工具。

8.3.1 静态试验可采量计算

模拟分析表明，在含钾矿物中，只有 70% ~ 90% 的 Ca_2SO_4 与钾、镁离子组合为杂卤石时，利用 Pitzer 理论模拟钾的单次溶矿率与累计溶矿率结果，才与实际溶矿试验一致，这与试验区钾盐矿物以杂卤石为主的盐矿鉴定结果相符。野外静态试验的模拟溶矿率和试验溶矿率，累计最高可达 89.6%。别勒滩盐湖的面积约 1500km²（杨谦等，1993），但只有盐湖后期阶段才有固体钾盐形成。按照 1/5 计算，固体钾盐沉积面积约为 300km²，固体 KCl 含量按 2.34% 计，则在静态试验条件下，别勒滩区段 KCl 可开采资源量为 $1.97 \times 10^8\text{t}$。

8.3.2 驱动试验可采量计算

1. 固体钾减量法

对比地层钾含量的变化发现，氯化钾含量由溶矿前的 2.34% 降低到溶矿后的 1.60%，平均降低 0.74%。综上可知，试验区 4km² 低品位杂卤矿层可迁出氯化钾 $93.86 \times 10^4\text{t}$。

预测别勒滩区段可溶采资源量：

$$Q = S \times H \times C \times p$$

式中，Q 为溶出的 KCl 的总含量；S 为溶矿区段的面积，$300km^2$；C 为溶出的 KCl 的平均含量，0.74%；H 为钾盐分布厚度，$18m$；p 为钾盐的密度（体重），$1.7t/m^3$。

由此计算出别勒滩区段可溶采的低品位固体钾盐资源量 $5920 \times 10^4 t$。

2. 卤水钾增量法

野外开放系统条件下在试验区开展了近 4 个月的增程驱动溶矿试验，利用模型计算的 K^+ 溶解量是 $3.07 \times 10^4 t$，用 K^+ 的溶解总量除以溶剂的渗漏量 $6.84 \times 10^6 m^3$，可以得到溶剂对 K^+ 溶解效率为 $5g/L$。整个试验区的面积为 $4km^2$，K^+ 的溶出量约为 $12.28 \times 10^4 t$，折合成 KCl 为 $22.92 \times 10^4 t$。

卤水中 KCl 资源的增加量仅为 $22.92 \times 10^4 t$，远小于地层中固体钾资源 $93.68 \times 10^4 t$ 的减少量，主要归因于溶矿时间的不同，试验区卤水中钾离子变化监测了近 4 个月，而固体钾盐变化的周期是 13 个月，即卤水中 KCl 资源的增加量是仅 4 个月的溶矿量，而地层钾盐减量是一年多溶矿试验的结果。

8.3.3　可溶采资源量评价

野外大型静态溶矿试验，通过 10 次的反复溶矿，累计溶矿率可以达到 89.6%，但单次溶矿率呈现由大变小的规律，如第一次溶矿率可达 20.29%，而第 10 次溶矿率仅为 1.61%，考虑到工业化生产实现静态封闭溶矿的可能性较小，以及溶矿效率因素，可以认为静态试验 10 次溶矿的总溶矿率仅具有理论参考价值，而第 6 次以后的溶矿率均小于 10%，故可以采用第 5 次时的累计溶矿率 74% 作为评价别勒滩区段固体钾盐可液化开采资源量的依据，结合 3DMine 矿业软件计算出别勒滩区段的固体钾盐资源量 $1.85 \times 10^8 t$，得出可采 KCl 资源量为 $1.37 \times 10^8 t$。

野外增程驱动溶矿试验，获得了试验区（$4km^2$）13 个月溶矿资源量 $93.86 \times 10^4 t$（KCl），计算出溶矿率 32%，由此计算得出别勒滩区段低品位固体钾盐液化开采量为 $0.59 \times 10^8 t$。因此，后备资源是有保障的。

第9章 结 语

通过产学研紧密结合，对低品位固体钾盐液化技术进行6年的持续攻关，研究驱动溶矿开采过程中固液转化规律，在矿床特征、溶矿技术、工程试验、资源评价等方面取得了一系列新成果，为大规模工业化开采低品位固体钾盐提供依据。

9.1 主要成果

1. 低品位固体钾盐特征

含钾地层（岩盐）微孔隙发育，孔隙度变化范围15.30% ~ 24.60%。微孔隙形态有长条状和不规则四边形等，基本上属于原生孔隙。孔隙大小一般为40 ~ 80μm。钾盐矿物周边发育微孔隙或钾盐矿物微粒分布于孔隙附近的赋存状态，这种组构为溶剂驱动溶矿提供了重要通道，非常有利于固体钾矿驱动溶采。

含矿层主要赋存9种盐类矿物：石盐、杂卤石、光卤石、水氯镁石、石膏、硬石膏、半水石膏、方解石、白云石。钾盐矿物主要有杂卤石、光卤石。杂卤石呈纤维放射状、绒球状，以层状和浸染状两种方式分布于石盐层中，多由交代石膏、硬石膏、半水石膏形成。光卤石多为微米级，形成于石盐晶体间或石盐溶洞中。

2. 地球化学特征

别勒滩区段地层K^+含量变化范围0.64% ~ 2.58%，平均含量为1.21%，钾盐相对富集的层段为1.00 ~ 3.10m、5.80 ~ 10.40m 和 11.00 ~ 12.50m，钾离子平均含量在1.70%左右；K^+、SO_4^{2-}和Mg^{2+}呈正相关，反映出硫酸钾镁盐矿物。微量元素Li^+、Sr^{2+}、Br^-、B^{3+}、I^-的平均值分别为52.48×10^{-6}、91.15×10^{-6}、12.28×10^{-6}、268.15×10^{-6}、0.16×10^{-6}。

3. 矿区三维模型

利用3DMine矿业软件开发了盐湖三维地层模型、盐湖液矿模型、三维块体品位模型等，实现了矿体空间分布的可视化。可以利用模型的动态块体，结合地层的底板模型和地质勘查资料，采用距离幂次反比差值方法，推算出固、液矿KCl品位的空间变化特征，直观地显示品位的高低及资源储量。建立了察尔汗盐湖别勒滩矿区三维钻孔地质数据库（含有63个钻孔数据），实现了地质资料的信息化。

4. 静态试验成果

室内溶矿实验结果表明，别勒滩低品位固体钾盐具有较好的液化性能，优选为驱动液化的溶剂应具有高钠富镁的特征，其组分范围为：KCl质量分数为0 ~ 2.40%，NaCl为15% ~ 25%，$MgCl_2$为5% ~ 8%，矿化度为230 ~ 270g/L。野外试验所选取的源于涩聂湖的溶剂符合优选的标准。

根据室内溶矿实验和野外静态溶矿试验，可以看出溶矿效果明显。纤维状杂卤石在试验后变得相对疏松，光卤石晶体明显变小；溶矿后体重整体变小，孔隙度和给水度增大。

5. 模拟试验成果

开发了具有自主知识产权的 VTP，将 Pitzer 理论的高浓卤水变温平衡计算软件开发升级为在 Windows 下使用的可视化操作软件。利用野外静态试验资料，改进了 Pitzer 平衡溶矿数学模型。结合盐湖开采钾盐的实际情况，模拟了溶矿全过程，包括固钾的易溶阶段、尾部非易溶阶段。模拟过程显示，Pitzer 平衡模拟溶矿率与试验累计溶矿率一致（89.6%），可用于指导矿区液化开采。

6. 单级驱动溶矿试验成果

平面上，随试验进行，供卤渠等水位线变密，水力坡度变大，表明水位变化较大；经溶矿反应后，K^+、Mg^{2+}、Cl^- 浓度都有所升高，Na^+ 浓度有所降低；晶间卤水在剖面上分为三个区段，即完全影响带（0～150m）、部分影响带（150～300m）、微弱影响带（300～1000m）。

垂向上，随试验进行，盐层浅部首先受到影响，各离子浓度变化的方向，与溶剂各离子浓度特征的方向一致；溶剂进入盐层后具有垂向的流速，当溶剂充满盐层时，流场达到稳定，溶剂以水平流为主，而在垂向上则以弥散混合作用为主。

溶矿效果明显，从溶矿时间和固体钾盐液化量分析，随着溶矿时间的延长，溶矿试验具有溶矿量逐渐增加、溶矿效率降低的趋势。溶矿过程中，还发现了地下卤水优势通道（优势管道流）和溶矿距离（溶程）短的现象，其制约了液化开采固体钾盐的速率和溶矿率。

7. 增程驱动溶矿试验成果

相比于单级驱动溶矿，增程驱动模式晶间卤水流场变得较为复杂。监测孔水位的变化受补水渠补给量变化的控制，距离补水渠越近，晶间卤水水位越高；两级补水渠之间晶间卤水水位高于第二级补水渠下游区域卤水水位，即多级驱动溶矿模式有效提高了地层中晶间卤水水位，增大了溶矿空间，同时，水力坡度得到了提高，增强了溶矿驱动力。

试验区晶间卤水离子浓度变化受补水渠的水位及补渠水浓度的控制；溶矿后固体 KCl 含量平均降低 0.73%，卤水 K^+ 浓度明显高于渠水中 K^+ 浓度，溶剂在流动的过程中溶解了地层中的含钾矿物，且具有增高的趋势，说明溶矿取得成效。溶矿效率达到 32%，有效溶矿距离大于 900m。

8. 可溶采资源量评价成果

静态溶矿试验第 5 次时的累计溶矿率为 74%，以此作为评价别勒滩矿区固体钾盐可液化开采资源量的依据，计算可采资源量（KCl）为 $1.37×10^8 t$。

增程驱动溶矿试验获得溶矿率为 32%，以此评价别勒滩区段低品位固体钾盐液化开采量为 $0.59×10^8 t$。

9.2 建 议

1. 进一步加强固液转化的物理化学理论研究

固体钾矿液化开发（溶采）是非常复杂的物理化学过程，理论研究难度非常大，建立固液转化过程的数学模拟模型需要考虑固相的变渗透性、液相的变密度、体系的变温等问题，多是世界性的难题。本次研究只是在钾盐矿物微观组构、驱动溶矿开发方案、水动力条件等方面积累新资料、取得新认识。采用增程驱动技术方案，取得了增程、增容及截断优势流等较为显著的成效，通过改用溶剂解决了单程驱动模式补水渠渠壁析盐、影响溶剂入渗的实际问题，结合钾盐开采的实际情况，改进了 Pitzer 平衡溶矿数学模型，总结出实用计算模式，为驱动液化采矿计算奠定了数学基础。固体钾盐的溶采意义重大、难度也大，是一项相对长期的攻关课题，需要得到持续支持。

2. 加强杂卤石溶矿开采研究

杂卤石是一种慢溶性矿物，在中国盐湖广泛分布，资源量巨大。别勒滩区段固体钾盐也以杂卤石为主，其溶解性及溶解之后的成分与光卤石有较大差别，建议进一步开展杂卤石溶矿实验研究及工业化开采试验，以实现盐湖矿山的可持续发展，缓解我国钾盐紧缺态势。

参 考 文 献

安莲英, 王玉兰, 殷辉安, 等, 2010. 察尔汗盐湖卤水水化学模拟 [J]. 化工矿物与加工, (3): 29-32.

卜令忠, 乜贞, 宋彭生, 2010. 硫酸钠亚型富锂卤水25℃等温蒸发过程的计算机模拟 [J]. 地质学报, 84 (11): 1708-1714.

蔡克勤, 高建华, 1994. 察尔汗盐湖钾盐矿床的形成条件 [J]. 地学前缘, (4): 231-233.

地矿部环境地质研究所, 1993. 察尔汗盐湖开发试验补充研究报告 [R].

地质矿产部水文地质工程地质技术方法研究队, 1978. 水文地质手册 [M]. 北京: 地质出版社.

独仲德, 郭择德, 郭志明, 等, 2002. 含水层有效孔隙度的实验研究 [J]. 勘察科学技术, (5): 36-39.

方维萱, 2012. 地球化学岩相学类型及其在沉积盆地分析中应用 [J]. 现代地质, 26 (5): 996-1007.

付振海, 张志宏, 马艳芳, 等, 2013. 硫酸盐型卤水低温处理及其液相蒸发析盐规律的理论研究 [J]. 无机盐工业, 45 (2): 29-32.

葛晨东, 王天刚, 刘兴起, 等, 2007. 青海茶卡盐湖石盐中流体包裹体记录的古气候信息 [J]. 岩石学报, 23 (9): 2063-2068.

郝爱兵, 1997. 溶解驱动开采察尔汗盐湖固体钾矿的室内试验研究 [D]. 北京: 中国地质大学(北京).

郝爱兵, 李文鹏, 2003. Pitzer 理论在变温高浓卤水体系地球化学平衡研究中的应用 [J]. 盐湖研究, 11 (3): 24-30.

黄子卿, 1980. 电解质溶液: Debye-Hückel 理论的进展 [J]. 化学通报, (5): 3-11.

焦鹏程, 张建伟, 2011. 盐湖水同位素//顾慰祖. 同位素水文学 [M]. 北京: 科学出版社: 614-646.

焦鹏程, 刘成林, 赵元艺, 等, 2008. 青海别勒滩低品位固体钾盐资源开发技术探讨 [C] //陈毓川, 薛春纪, 张长青. 主攻深部挺进西部放眼世界——第九届全国矿床会议论文集. 北京: 地质出版社: 820-822.

李波涛, 赵元艺, 钱作华, 等, 2010. 青海察尔汗盐湖别勒滩区段固体钾盐液化前后物质组成对比及意义 [J]. 矿床地质, 29 (4): 669-683.

李波涛, 赵元艺, 叶荣, 等, 2012. 青海察尔汗盐湖固体钾盐物质组成及意义 [J]. 现代地质, 26 (1): 71-84.

李明慧, 易朝路, 方小敏, 等, 2010. 柴达木西部钻孔盐类矿物及环境意义初步研究 [J]. 沉积学报, (6): 1213-1228.

李文鹏, 1991. 察尔汗盐湖溶矿驱动开采模型及其软件开发 [D]. 北京: 中国地质科学院.

李文鹏, 刘振英, 1994. 察尔汗盐湖溶解驱动开采钾盐的数值模型研究: 多组分地下卤水系统反应溶质输运和平衡化学耦合模型研究 [C] //第六届国际盐湖会议论文集. 北京: 地质出版社.

李文鹏, 刘振英, 1995. 察尔汗盐湖地区抽卤试验排卤方式的讨论 [J]. 水文地质工程地质, (1): 34-35.

李文鹏, 刘振英, 吴琰龙, 1995. 察尔汗盐湖地区环形槽排卤抽卤试验的数值模拟 [J]. 河北地质学院学报, 18 (6): 551-557.

梁卫国, 2007. 盐类矿床控制水溶开采理论及应用 [M]. 北京: 科学出版社.

刘斌山, 王超, 刘万平, 等, 2018. 察尔汗盐湖固体钾矿精准溶解区域选择分析 [J]. 化工矿物与加工, 47 (2): 57-59.

刘成林, 王弭力, 焦鹏程, 等, 2006. 世界主要古代钾盐找矿实践与中国找钾对策 [J]. 化工矿产地质, (1): 1-8.

刘成林, 焦鹏程, 王弭力, 等, 2010. 盆地钾盐找矿模型探讨 [J]. 矿床地质, (4): 581-592.

刘兴起, 蔡克勤, 于升松, 2002. 柴达木盆地盐湖形成演化与水体来源关系的地球化学初步模拟: Pitzer

模型的应用 [J]. 地球化学, 31 (5): 501-507.

刘兴起, 倪培, 董海良, 等, 2007. 内陆盐湖石盐流体包裹体均一温度指示意义的现代过程研究 [J]. 岩石学报, 23 (1): 113.

刘万平, 王海平, 2012. 浅论察尔汗盐湖晶间卤水工程化采输关键技术 [J]. 盐科学与化工, 17 (7): 17-19.

卢焕章, 范宏瑞, 倪培, 等, 2004. 流体包裹体 [M]. 北京: 科学出版社.

缪仁杰, 谭永璐, 李淑兰, 等, 2008. 太阳池热能利用技术 [J]. 可再生能源, 26 (2): 6-9.

牛雪, 焦鹏程, 曹养同, 等, 2015. 青海察尔汗盐湖别勒滩区段杂卤石成因及其成钾指示意义 [J]. 地质学报, 89 (11): 2087-2095.

青海地质矿产局第一地质水文地质大队, 1967a. 察尔汗盐湖晶间卤水水化学报告 [R].

青海地质矿产局第一地质水文地质大队, 1967b. 察尔汗盐湖岩溶初步研究报告 [R].

青海地质矿产局第一地质水文地质大队, 1968. 察尔汗盐湖钾镁盐矿床储量勘探报告 [R].

青海地质矿产局第一地质水文地质大队, 1969. 察尔汗盐湖钾镁晶间卤水及达布逊湖表卤的水盐均衡研究报告 [R].

青海地质矿产局第一地质水文地质大队, 1986. 中华人民共和国区域水文地质普查报告 (1:20 万), 盐湖幅 J-46-(29) 和达布逊幅 J-46-(30) [R].

青海钾肥厂, 1988. 青海省格尔木市察尔汉盐湖钾镁矿床地质综合报告 (含固体钾矿储量计算) [R].

青海盐湖勘查开发研究院, 1990. 青海省察尔汗盐湖淡卤水回灌溶解驱动试验报告 [R].

沈振枢, 乐昌硕, 雷世太, 1993. 柴达木盆地第四纪含盐地层划分及沉积环境 [M]. 北京: 地质出版社.

孙大鹏, 吕亚萍, 1995. 察尔汗盐湖首采区水溶解光卤石实验的初步研究 [J]. 盐湖研究, (4): 40-43.

田向东, 李洪普, 王云生, 等, 2013. 柴达木北部新盐带卤水水化学特征研究 [J]. 盐业与化工, (12): 8-12.

王凤英, 胡斌, 2009. 基于 Pitzer 模型的 25℃时 $NaCl$-$SrCl_2$-H_2O 和 KCl-$SrCl_2$-H_2O 体系溶解度计算 [J]. 盐湖研究, 17 (3): 36-39.

王弭力, 吴必豪, 田白, 等, 1992. 柴达木盆地马海盐矿床基本地质特征及形成条件浅析 [J]. 中国地质科学院矿床地质研究所所刊, (1): 81-93.

王弭力, 刘成林, 李长华, 等, 1994. 青海昆特依盐湖富钾卤水储层扫描电镜分析 [J]. 化工矿产地质, 16 (1): 1-9.

王弭力, 杨志琛, 刘成林, 等, 1997. 柴达木盆地北部盐湖钾矿床及其开发前景 [M]. 北京: 地质出版社.

王弭力, 刘成林, 焦鹏程, 等, 2001. 罗布泊盐湖钾盐资源 [M]. 北京: 地质出版社.

王清明, 2003. 盐类矿床水溶开采 [M]. 北京: 化学工业出版社.

王石军, 2005. 察尔汗盐湖钾镁盐矿床可采储量特征及其开采探讨 [J]. 化工矿物与加工, 34 (1): 30-32.

王石军, 2014. 察尔汗盐湖固体钾矿储量分析与钾肥规模研究 [J]. 化工矿物与加工, 43 (2): 20-23.

王文祥, 2013. 察尔汗盐湖低品位固体钾矿驱动溶解液化开采试验研究 [D]. 北京: 中国地质大学 (北京).

王文祥, 李文鹏, 刘振英, 等, 2010. 察尔汗盐湖低品位固体钾矿液化开采的现场试验研究探讨 [J]. 矿床地质, 29 (4): 697-703.

王文祥, 李文鹏, 刘振英, 等, 2013. 涩聂湖湖水驱动溶解固体钾矿固液转化量计算 [J]. 中国矿业, 22 (4): 102-105.

王文祥，李文鹏，安永会，等，2015. 察尔汗盐湖单级与增程驱动溶解固体钾矿试验对比研究 [J]. 地质论评，61 (5)：1177-1182.

王永梅，王永梅，李春丽，等，2016. 察尔汗盐湖盐田工艺相图分析及计算 [J]. 无机盐工业，48 (2)：26-29.

吴必豪，王弭力，刘成林，等，1996. 柴达木盆地盐湖的特征与形成机理 [M]. 北京：地质出版社.

宣之强，1995. 青海昆特依和马海盐湖区钾镁盐矿床固体矿的基本特征 [J]. 盐湖研究，3 (4)：1-9.

薛禹群，2003. 地下水动力学 [M]. 北京：地质出版社.

杨谦，1982. 察尔汗盐湖内陆盐湖钾矿层的沉积机理 [J]. 地质学报，(3)：282-292.

杨谦，吴必豪，王绳祖，等，1993. 察尔汗盐湖钾盐矿床地质 [M]. 北京：地质出版社.

弋嘉喜，樊启顺，魏海成，等，2017. 察尔汗盐湖矿物组合特征及其成因指示 [J]. 盐湖研究，15 (2)：47-54.

于升松，2000. 察尔汗盐湖首采区钾卤水水动态及其预测 [M]. 北京：科学出版社.

袁见齐，蔡克勤，肖荣阁，等，1991. 云南勐野井钾盐矿床石盐中包裹体特征及其成因的讨论 [J]. 地球科学——中国地质大学学报，16 (2)：137-948.

张娟，2017. 察尔汗盐湖中部晶间卤水的化学组成变化特征 [J]. 化工矿物与加工，46 (6)：51-52.

赵元艺，焦鹏程，李波涛，等，2010. 中国可溶性钾盐资源地质特征与潜力评价 [J]. 矿床地质，29 (4)：649-656.

周立，2000. 柴达木盆地水资源供需关系及生态保护 [M]. 西宁：青海人民出版社.

周训，方斌，陈明佑，等，2006. 青海省察尔汗盐湖别勒滩区段晶间卤水数值模拟 [J]. 干旱区研究，23 (2)：258-263.

周训，姜长龙，韩佳君，等，2013. 沉积盆地深层地下卤水资源量评价之若干探讨 [J]. 地球学报，34 (5)：610-616.

中国地质科学院矿产资源研究所，2010. 青海别勒滩低品位固体钾盐液化开发的关键技术 [R].

中国科学院青海盐湖研究所，1990. 察尔汗盐湖首采区采卤过程中水动态水化学变化规律："七五"国家重点科技攻关项目专题研究报告 [R].

朱允铸，李争艳，吴必豪，等，1990. 从新构造运动看察尔汗盐湖的形成 [J]. 地质学报，(1)：13-21.

Abdel-Wahab A, Mcbride E F, 2001. Origin of giant calcite cemented concretions, Temple Member, Qasr El Sagha Formation (Eocene), Faiyum depression, Egypt [J]. Journal of Sedimentary Research, 71 (1)：70-81.

Allegre C J, Minster J F, 1978. Quantitative models of trace element behavior in magmatic processes [J]. Earth and Planetary Science Letters, 38 (1)：1-25.

Alley R B, Mayewski P A, Sowers T, et al., 1997. Holocene climatic instability: a prominent widespread event 8200 years ago [J]. Geology, 25 (4)：483-486.

Ayora C, Garcia-Veigas J, Pueyo J J, 1994. X-ray microanalysis of fluid inclusions and its application to the geochemical modeling of evaporite basins [J]. Geochimica et Cosmochimica Acta, 58 (2)：43-55.

Benison K C, Goldstein R H, 1999. Permian paleoclimate data from fluid inclusions in halite [J]. Chemical Geology, 154 (3)：113-132.

Boles J R, 1998. Carbonate cementation in Tertiary sandstones, San Joaquin basin, California [J]. Carbonate Cementation in Sandstones, 26 (1)：261-284.

Bretti C, Cukrowski I, De Stefano C, et al., 2014. Solubility, activity coefficients, and protonation sequence of risedronic acid [J]. Journal of Chemical & Engineering Data, 59 (11)：3728-3740.

Chen K, Jiao J J, 2014. Modeling freshening time and hydrochemical evolution of groundwater in coastal aquifers of Shenzhen, China [J]. Environmental Earth Sciences, 71 (5): 2409-2418.

Chris G, Mcinnes B I A, Williams P J, et al., 2001. Imaging fluid inclusion content using the new CSIRO-GEMOC nuclear microprobe [J]. Nuclear Instruments & Methods in Physics Research, Section B, (Beam Interactions with Materials and Atoms), 181 (1-4): 570-577.

Christov C, Moller N, 2004. Chemical equilibrium model of solution behavior and solubility in the H-Na-K-OH-Cl-HSO_4-SO_4-H_2O system to high concentration and temperature [J]. Geochimica et Cosmochimica Acta, 68 (6): 1309-1331.

Crowley J K, 1993. Mapping playa evaporite minerals avifis data: a first report from Death Valley, Califomia [J]. Remote Sensing of Environment, 44 (2-3): 337-356.

Edinger S E, 1973. An investigation ofthe factors which affect the size and growth rates of the habit faces of gypsum [J]. Journal of Crystal Growth, 18 (3): 217-224.

Fahs M, Younes A, Ackerer P, 2011. An efficient implementation of the method of lines for multicomponent reactive transport equations [J]. Water Air and Soil Pollution, 215 (1-4): 273-283.

Felmy A R, Weare J H, 1986. The prediction of borate mineral equilibria in natural waters: application to Searles Lake, California [J]. Geochimica Et Cosmochimica Acta, 50 (12): 2771-2783.

Felmy A R, Weare J H, 1991. Calculation of multicomponent ionic diffusion from zero to high concentration: I. The system Na- K- Mg- Ca- Cl- SO_4- H_2O at 25℃ [J]. Geochimica Et Cosmochimica Acta, 55 (1): 113-131.

Goldstein R H, Barker C E, 1990. Fluid-inclusion technique for deter-mining maximum temperature in calcite and its comparison to the vitrinite reflectance geothermometer [J]. Geology, 18 (10): 1003-1006.

Greenberg J P, Moller N, 1989. The prediction of mineral solubilities in natural water: a chemical equilibrium model for the Na-K-Ca-Cl-SO_4-H_2O system to high concentration from 0 to 250℃ [J]. Geochim Cosmochim Acta, 53 (2): 2503-2518.

Gueddari M, Monnin C, Perret D, et al., 1983. Geochemistry of brines of the chott El Jerid in southern Tunesia: application of Pitzer's equations [J]. Chemical Geology, 39 (1): 165-178.

Harvie C E, Weare J H, 1980. The prediction of mineral solubilities in natural waters: the Na-K-Mg-Ca-Cl-SO_4-H_2O system from zero to high concentration at 25℃ [J]. Geochimica et Cosmochimica Acta, 44 (7): 981-997.

Harvie C E, Moller N, Weare J H, 1984. The prediction of mineral solubilities in natural water: the Na- K- Mg- Ca-H- Cl- SO_4- OH- HCO_3- CO_3- CO_2- H_2O system to high ionic strengths at 25℃ [J]. Geochimica et Cosmochimica Acta, 48 (4): 723-751.

Huang Y, Zhou Z, Li L, et al., 2015. Experimental investigation of solute transport in unsaturated fractured rock [J]. Environmental Earth Sciences, 73 (12): 8379-8386.

Jayasingha P, Pitawala A, Dharmagunawardhane H A, 2014. Evolution of coastal sandy aquifer system in Kalpitiya peninsula, Sri Lanka: sedimentological and geochemical approach [J]. Environmental Earth Sciences, 71 (11): 4925-4937.

Jennings A A, Kirkner D J, Theis T L, 1982. Multicomponent equilibrium chemistry in groundwater quality models [J]. Water Resources Research, 18 (18): 1089-1096.

Jr D R W, Robinson R A, Bates R G, 1980. Activity coefficient of hydrochloric acid in $HCl/MgCl_2$, mixtures and $HCl/NaCl/MgCl_2$, mixtures from 5 to 45℃ [J]. Journal of Solution Chemistry, 9 (7): 457-465.

Leroy P, Lassin A, Azaroual M, et al., 2010. Predicting the surface tension of aqueous 1∶1 electrolyte solutions at high salinity [J]. Geochimica Et Cosmochimica Acta, 74 (19): 5440-5442.

Li W P, 2008. Numerical modelling of dissolving and driving exploitation of potash salt in the qarhan piaya: a coupled model of reactive solute transport and chemical equilibrium in a multi-component underground brine system [J]. Acta Geologica Sinica (English Edition), 82 (5): 1070-1082.

Li Z B, Li Y G, Lu J F, 1999. Surface tension model for concentrated electrolyte aqueous solutions by the Pitzer equation [J]. Industrial & Engineering Chemistry Research, 38 (3): 1133-1139.

Liu W G, Xiao Y K, Peng Z C, et al., 2000. Boron concentration and isotopic composition of halite from experiments and salt lakes in the Qaidam Basin [J]. Geochimica et Cosmochimica Acta, 64 (13): 2177-2183.

Marion G M, Farren R E, 1999. Mineral solubilities in the Na-K-Mg-Ca-Cl-SO$_4$-H$_2$O system: a re-evaluation of the sulfate chemistry in the Spencer-Moller-Weare model [J]. Geochimica Et Cosmochimica Acta, 63 (9): 1305-1318.

Mclennan S M, Simonetti A, Goldstein S L, 2000. Nd and Pb isotopic evidence for provenance and post-depositional alteration of the Paleoproterozoic Huronian Supergroup, Canada [J]. Precambrian Research, 102 (3-4): 263-278.

Moller N, 1989. The prediction of mineral solubilities in natural water: a chemical equilibrium model for the Na-Ca-Cl-SO$_4$-H$_2$O system, to high temperature and concentration [J]. Geochim Cosmochim Acta, 52 (3): 821-837.

Pabalan R T, Pitzer K S, 1987. Thermodynamics of concentrated electrolyte mixtures and the prediction of mineral solubilities to high temperatures for mixtures in the system Na-K-Mg-Cl-SO$_4$-OH-H$_2$O [J]. Geochimica Et Cosmochimica Acta, 51 (9): 2429-2443.

Pitzer K S, 1972. Thermodynamics of electrolytes. I. Theoretical basis and general equations [J]. The Journal of Physical Chemistry, 77 (2): 268-277.

Pitzer K S, 1975. Thermodynamics of electrolytes. V. Effects of higher-order electrostatic terms [J]. Journal of Solution Chemistry, 4 (3): 249-265.

Pitzer K S, Mayorga G, 1973. Thermodynamics of electrolytes. II. Activity and osmotic coefficients for strong electrolytes with one or both ions univalent [J]. The Journal of Physical Chemistry, 77 (19): 2300-2308.

Pitzer K S, Mayorga G, 1974a. Thermodynamics of electrolytes. III. Activity and osmotic coefficients for 2-2 electrolytes [J]. Journal of Solution Chemistry, 3 (7): 539-546.

Pitzer K S, Kim J J, 1974b. Thermodynamics of electrolytes. IV. Activity and osmotic coefficients for mixed electrolytes [J]. Journal of the American Chemical Society, 96 (18): 5701-5707.

Pitzer K S, Peiper J C, Busey R H, 1984. Thermodynamic properties of aqueous sodium chloride solutions [J]. Journal of Physical & Chemical Reference Data, 13 (1): 1-102.

Pitzer K S, Bischoff J L, Rosenbauer R J, 1987. Critical behavior of dilute NaCl in H$_2$O [J]. Chemical Physics Letters, 134 (1): 60-63.

Plyasunov A V, Popova E S, 2013. Temperature dependence of the parameter of the SIT model for activity coefficients of 1:1 electrolytes [J]. Journal of Solution Chemistry, 42 (6): 1320-1335.

Roberts S M, Spencer R J, 1995. Paleotemperatures preserved in fluid inclusions in halite [J]. Geochimica et Cosmochimia Acta, 59 (19): 3929-3942.

Rogers P S Z, Pitzer K S, 1981. High-temperature thermodynamic properties of aqueous sodium sulfate solutions [J]. The Journal of Physical Chemistry, 85 (20): 2886-2895.

Safari H, Shokrollahi A, Jamialahmadi M, et al., 2014. Prediction of the aqueous solubility of BaSO$_4$ using pitzer ion interaction model and LSSVM algorithm [J]. Fluid Phase Equilibria, 374 (9): 48-62.

Schecher WD, Mcavoy D C, 1992. MINEQL+: a software environment for chemical equilibrium modeling [J].
    Computers, Environment and Urban Systems, 16 (1): 65-76.

Shao L, Stattergger K, Garbe-Schoenberg C D, 2001. Sandstone petrology and geochemistry of the Turpan basin
    (NW China): implications for the tectonic evolution of a continental basin [J]. Journal of Sedimentary
    Research, 71 (1): 37-49.

Shepherd T J, Naded J, Chenery S R, et al., 2000. Chemical analysis of palaeogroundwaters: a new frontier for
    fluid inclusion research [J]. Journal of Geochemical Exploration, 69 (5): 415-418.

Spencer R J, Moller N, Weare J H, 1989. The prediction of mineral solubilities in natural water: a chemical
    equilibrium model for the Na-K-Ca-Mg-Cl-SO_4-H_2O system at temperature below 25℃ [J]. Geochimica et
    Cosmochimica Acta, 54 (1): 575-590

Sun X H, Hu M Y, Liu C L, et al., 2013. Composition determination of single fluid inclusions in salt minerals
    by Laser Ablation ICP-MS [J]. Chinese Journal of Analytical Chemistry, 41 (2): 235-241.

Timofeeff M N, Blackburn W H, Lowenstein T K, 2000. ESEM-EDS: an improved technique for major element
    chemical analysis of fluid inclusions [J]. Chemical Geology, 164 (4): 171-182.

Wang A, Smith J A, Wang G, et al., 2009. Late Quaternary river terrace sequences, in the eastern Kunlun
    Range, northern Tibet: a combined record of climatic change and surface uplift [J]. Journal of Asian Earth
    Sciences, 34 (1): 532-543.

Wang F, Li C, Li Q, et al., 2004. Onset timing of significant unroofing around Qaidam basin, northern Tibet,
    China: constraints from $^{40}Ar/$ ^{39}Ar and FT thermochronology on granitoids [J]. Journal of Asian Earth Sciences,
    24 (3): 59-69.

White J D, Bates R G, 1980. Osmotic coefficients and activity coefficients of aqueous mixtures of sodium chloride
    and sodium carbonate at 25℃ [J]. Australian Journal of Chemistry, 33 (9): 1903-1908.

Whitfield M, 1975. An improved specific interaction model for seawater at 25℃ and 1 atmosphere total pressure
    [J]. Marine Chemistry, 3 (3): 197-213.

Xiao X, Zhu T, Qi L, et al., 2014. MS-BWME: a wireless real-time monitoring system for brine well mining e-
    quipment [J]. Sensors, 14 (10): 19877-19896.

Yeh G T, 1989. A critical evaluation of recent developments in hydrogeochemical transport models of reactive mul-
    tichemical components [J]. Water Resources Research, 25 (1): 93-108.

Zhu Y, Weng H, Su A, et al., 2005. Geochemical characteristics of Tertiary saline lacustrine oils in the Western
    Qaidam Basin, northwest China [J]. Applied Geochemistry, 20 (2): 1875-1889.